地震模拟振动台系统控制技术研究与应用

李彬彬 著

中国建筑工业出版社

图书在版编目（CIP）数据

地震模拟振动台系统控制技术研究与应用/李彬彬
著. —北京：中国建筑工业出版社，2020.8
ISBN 978-7-112-25360-9

Ⅰ.①地⋯ Ⅱ.①李⋯ Ⅲ.①地震模拟试验-振动
台-控制系统-研究 Ⅳ.①P315.8

中国版本图书馆 CIP 数据核字（2020）第 153233 号

我国地震区域范围广阔而且分散、发生频繁而且强烈，约占全球发生地震次数的三分之一，是世界多地震国家之一。因此，抗震理论分析和试验研究可为地震设防和抗震设计提供依据，提高综合抗震水平。由于地震机理和结构抗震性能的复杂性，仅以理论手段不能完全地把握结构在地震作用下的性能、反应过程和破坏机理，还需要通过结构试验模拟地震作用研究结构抗震性能。在地震工程领域常用的结构抗震试验方法包括：拟静力试验、拟动力试验、实时子结构试验、地震模拟振动台试验等。

本书内容共七章，包括：引言、地震模拟振动台的建设与发展、地震模拟振动台控制系统理论研究、地震模拟振动台系统基准性能研究、虚拟地震模拟振动台系统研究、钢筋混凝土结构模型地震模拟振动台试验研究、电气设备地震模拟振动台试验研究。本书适合地震模拟振动台系统控制技术研究与应用研究人员参考使用。

责任编辑：王华月
责任校对：赵　菲

地震模拟振动台系统控制技术研究与应用
李彬彬　著

*

中国建筑工业出版社出版、发行（北京海淀三里河路 9 号）
各地新华书店、建筑书店经销
霸州市顺浩图文科技发展有限公司制版
北京建筑工业印刷厂印刷

*

开本：787×1092 毫米　1/16　印张：9　字数：223 千字
2020 年 8 月第一版　　2020 年 8 月第一次印刷
定价：**62.00** 元
ISBN 978-7-112-25360-9
(35729)

前　言

地震模拟振动台是抗震研究领域重要的试验设备，可以进行地震模拟试验，再现地震震害发生的过程、试验结构的反应等，广泛应用于建筑结构、核反应堆、海洋结构工程、水工工程、桥梁等领域的结构动力特性、设备抗震性能、结构地震反应以及破坏机理等方面的研究。

笔者一直参与西安建筑科技大学地震模拟振动台的建设和试验技术工作，具有多年的地震模拟振动台试验经验，部分成果整理于本书中。

本书主要包括 7 章内容，第 1 章 绪论，第 2 章 地震模拟振动台的建设与发展，第 3 章 地震模拟振动台控制系统理论研究，第 4 章 地震模拟振动台系统基准性能研究，第 5 章 虚拟地震模拟振动台系统研究，第 6、7 章分别是钢筋混凝土结构模型地震模拟振动台试验研究和电气设备地震模拟振动台试验研究。

本书受陕西省创新能力支撑计划"电气设备（特高压、核电）抗震性能试验检测服务平台"（项目编号：2020PT-038）资助，得到了笔者所在单位西安建筑科技大学结构与抗震实验室各位老师的大力支持，以及杨涛博士、刘波博士、刘璇硕士等在试验中的辛勤付出，在此表示感谢。此外，在本书的编写过程中收集和引用了国内外相关科研院所、高校的研究成果以及中国建筑工业出版社王华月等专家为本书的顺利出版付出了辛勤的劳动，笔者也对他们一并表示感谢。

由于作者水平所限，书中难免有错误和不当之处，敬请广大读者批评指正。

2020 年 4 月

目　　录

第1章 引 言

在众多自然灾害中，地震是一种破坏性最大、预防难度最高、分布范围最广的严重危及人民生命财产的突发式灾害之一。它不仅造成大量人员伤亡（表 1-1），而且还带来建筑物的毁坏、电力交通中断以及水、火、疾病等次生灾害，给人类社会的稳定和发展造成不可估量的损失[1]。

近年世界发生的部分大地震

表 1-1

时间	地点	震级	伤亡情况
1999.9.21	中国台湾	7.6	2100 多人死亡
2001.1.26	印度	7.7	2 万人死亡
2004.12.26	印尼苏门答腊	7.9	引发海啸,20 多万人死亡
2005.3.28	印尼苏门答腊	8.5	900 多人死亡
2008.5.12	中国四川汶川	8.0	6.9 万遇难,1.8 万人失踪
2008.9.30	萨摩亚群岛	8.0	100 多人死亡
2010.1.12	海地	7.3	22.26 万人死亡
2010.2.27	智利	8.8	435 人遇难
2010.4.14	中国青海玉树	7.1	2698 人遇难
2011.3.11	日本	9.0	引发海啸,15885 人遇难,2636 人失踪
2013.4.20	中国四川雅安	7.0	196 人死亡,失踪 21 人,11470 人受伤
2013.9.24	巴基斯坦	7.8	522 人死亡,1000 多人受伤
2013.9.28		7.2	

我国地震区域范围广阔而且分散、发生频繁而且强烈，约占全球发生地震次数的三分之一，是世界多地震国家之一[2]。其中，20 世纪共发生破坏性地震 2600 余次；6 级及以上破坏性地震发生约 500 余次。我国历史上曾发生过多次大地震，1556 年陕西关中大地震，伤亡有名可查者即达 83 万余人；1920 年宁夏回族自治区海原地震，地震死亡人数达 20 余万，伤者不计其数；1976 年河北省唐山地震，震级近 8 级，死亡人数约达 24 万人，地震强震区内的工业厂房、房屋、城市设施等均受到极其严重的破坏。因此，抗震理论分析和试验研究可为地震设防和抗震设计提供依据，提高综合抗震水平。

由于地震机理和结构抗震性能的复杂性，仅以理论手段不能完全地把握结构在地震作用下的性能、反应过程和破坏机理，还需要通过结构试验模拟地震作用研究结构抗震性能。在地震工程领域常用的结构抗震试验方法包括[3-9]：拟静力试验、拟动力试验、实时子结构试验、地震模拟振动台试验等。

（1）拟静力试验

拟静力试验[10] 可称为低周反复加载试验或伪静力试验，它是采用一定的载荷控制或变形控制对试件进行低周反复加载，使试件从弹性阶段直至破坏的一种试验。实质上是用静力加载方式来模拟地震作用，主要优点是在试验过程中可以随时停下来观测试件的开裂和破坏状态，同时并可根据试验需要改变加载历程，加载历程与实际地震作用历程无关，在此加载过程中不考虑应变速率的影响，只能得到构件或结构在反复荷载下的恢复力滞回特性，不能得到结构地震反应全过程。

20 世纪 70 年代初，美国学者将拟静力试验方法用于获取构件的数学模型，为结构的计算机分析提供构件模型，并通过地震模拟振动台试验对结构模型参数作进一步的修正[11]。拟静力试验包括单调加载和循环加载试验；加载方式有单点加载和多点加载；常用的拟静力加载试验规则有三种，即位移控制、力控制和力-位移混合控制加载[12]。常用的反力装置主要有反力墙、反力台座、门式刚架、反力架和相应的各种组合类型。

进行结构拟静力试验的主要目的，首先是建立结构在地震作用下的恢复力特性，确定结构构件恢复力的计算模型，通过试验所得的滞回曲线和曲线所包围的面积求得结构的等效阻尼比，衡量结构的耗能能力，同时还可得到骨架曲线，结构的初始刚度及刚度退化等参数。由此可以进一步从强度、变形和能量等三个方面判断和鉴定结构的抗震性能。最后可以通过试验研究结构构件的破坏机制，为改进现行结构抗震设计方法及改进结构设计的构造措施提供依据。

（2）拟动力试验

拟动力试验[13-17] 又称计算机-加载器联机试验或混合试验，是将计算机的计算和控制与结构有机的结合在一起的试验方法，即试验方法和数值积分方法相结合的方式进行结构抗震试验，其中结构动力方程中的惯性力和阻尼力应用数值方法进行计算，而恢复力通过试验方法确定，如图 1-1 所示。

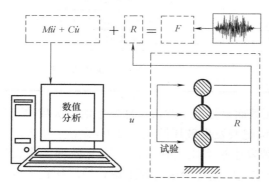

拟动力试验方法不需要事先假定结构的恢复力特性，恢复力可以直接从试验对象所作用的加载器的荷载值得到。同时拟动力试验方法还可以用于分析结构弹塑性地震反应，研究目前描述结构或构件的恢复力特性模型是否正确，进一步了解难以用数学表达式描述恢复力特性的结构的地震响应。与拟静力试验和振动台试验相比，既有拟静力试验的经济方便，又具有振动台试验能够模拟地震作用的功能。

图 1-1　拟动力试验原理示意图

1969 年拟动力试验方法由日本学者高梨（M. Hakuno）[18] 等人首次提出，1977 年就开展了第一个钢筋混凝土结构的拟动力试验，1978 年开展了第一个单层单跨钢框架的拟动力试验。日本学者 Takanashi、Teshigawara[19,20] 等人也进行了近 30 项的拟动力试验。1997 年美国学者 Buonopane[21] 进行了双跨两层钢筋混凝土框架拟动力试验。我国开展拟动力试验研究工作大约在 20 世纪 80 年代才开始，现已有中国建筑科学研究院、清华大学、哈尔滨工业大学、湖南大学、西安建筑科技大学、重庆大学等单位进行了此项工作的研究和应用[22-36]。拟动力试验按照试验模型的自由度，分为单自由度、等效单自由度、有限自由度体系拟动力试验；按研究对象有构件、子结构体系和整体结构，对原结构或原结构模型进行的拟动力试验称为全结构拟动力试验，对部分结构或部分结构模型进行的拟动力试验称为子结构拟动力试验。

（3）实时子结构试验

20 世纪 90 年代，在拟动力子结构试验的基础上，以与实际荷载作用时间相同的速率进行加载，称作实时子结构试验[37]。实时子结构试验方法就是将所关心的整个结构系统中的局部构件或可能出现非线性的部分建立试验模型（称为物理子结构），而剩余部分则用数值方法模拟（称为数值子结构），应用拟动力方法进行试验，如图 1-2 所示。

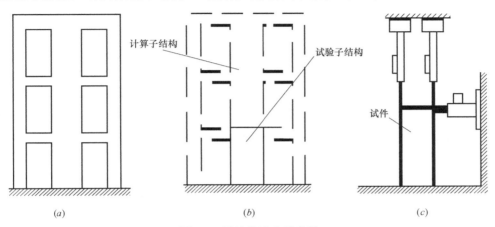

図 1-2　子结构试验示意图
（a）整体结构；（b）子结构；（c）拟动力试验

实时子结构试验需要以实际荷载速率进行加载，这就要求计算、数据的交换以及作动器的加载在非常短的时间内完成，对于相关设备的要求非常高。1992 年 Nakashima 等[38]才首次发表了实时子结构的试验研究成果，一个位于多层建筑基底的阻尼器试验，其中将阻尼器作为物理子结构，而将建筑物模拟为一个线性的单自由度系统。

目前，实时子结构试验仍处于初步发展阶段，已有的实时子结构试验大致可以分为两种类型，一种是作动器型实时子结构[39-42]，用作动器将计算位移直接作用于结构系统（图 1-3）；另一种是振动台型实时子结构试验[43-50]，将试验子结构置于振动台上进行试验（图 1-4），用于研究减振的质量阻尼器等。

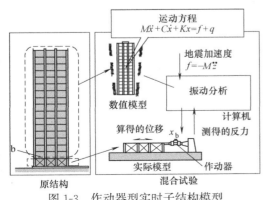

图 1-3　作动器型实时子结构模型

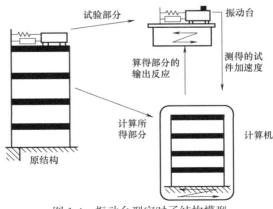

图 1-4　振动台型实时子结构模型

（4）地震模拟振动台试验

地震对结构的作用是由于地面运动而引起的一种惯性力。通过振动台对结构输入正弦波或地震波，可以再现各种形式地震波输入后的结构反应和地震震害发生的过程，观测试验结构在相应各个阶段的力学性能，进行随机振动分析，使人们对地震破坏作用进行深入的研究[51]。通过振动台模型试验，研究新型结构计算理论的正确性，有助于力学计算模型的建立。

在振动台上进行模型试验，由于振动台面尺寸限制，一般采用缩尺模型来进行试验。试验模型要按相似理论考虑模型的设计问题，要使原型与模型保持相似，两者必须在时间、空间、物理、边界和运动条件等各方面都满足相似条件的要求。振动台试验的模型结构必须与原型结构几何相似。这个要求可以直观地理解：类于一张照片的放大或缩小，照片的放大或缩小不改变照片上物体的基本特征，尽管放大或缩小的照片使其物体的尺寸发生了变化。

按照相似性原理，几何相似是保证模型结构与原型结构在力学性能方面相似的基本要求。因此，在设计制作振动台模型时，模型结构各个部位的尺寸按同一比例缩小。但是，几何相似并不能保证模型结构的性能与原型结构都相似。在振动台试验模型设计时，要根据相似理论对模型结构和原型结构的关系进行分析，保证结构的主要力学性能得到准确的模拟。受结构性能、特别是结构局部性能的限制，有些结构的模型尺寸不能太小。

第2章　地震模拟振动台的建设与发展

2.1　地震模拟振动台的发展

随着科学技术与经济建设的飞速发展，各种新型建筑、新型材料不断涌现及应用，要求进行地震模拟试验的项目越来越多，为了满足科研技术发展的需求，高校和科研院所等机构均开始建造地震模拟振动台。地震模拟振动台作为抗震研究领域中的重要试验设备之一，它可以很好地再现地震过程和进行人工地震波的试验，广泛应用于结构动力特性、设备抗震性能、结构抗震措施检验以及结构地震反应和破坏机理等众多方向的研究[52]。此外，它在核反应堆、海洋结构工程、水工工程、桥梁等方面也发挥了重要作用，其应用领域在不断地扩大。

地震模拟振动台的发展始于 20 世纪 60 年代，由于当时强地震发生频率低，观测和获取在地震区建筑物上强震地震反应的机会少，且周期长，满足不了抗震研究的发展要求[53]。同时由于采用数值计算方法分析时，难以给出结构进入非线性阶段后的数学模型，这就需要试验进行补充研究。在此情况下，地震模拟振动台应运而生，它不仅可以直接模拟地震效果，而且可以获取了大量的试验数据，试验时间方便且周期也大大缩短，为抗震研究提供极大便利的试验技术条件。

地震模拟振动台技术的应用和发展，标志着一个国家的工业发展水平。国外对地震模拟振动台不仅作为一个重要的研究方向，而且已经形成规模和产业，许多著名大学和研究机构与专业制造公司合作，如美国 MTS 公司、Team 公司、Wyle 公司，德国力士乐公司、SHENCK 公司，英国 ServoTest 公司，日本的三菱和 IMV 公司等，它们与本国的著名大学合作，在地震模拟振动台前沿技术和应用技术方面的研究和开发都取得了许多重要成果，处于国际领先水平，不断促进了地震模拟振动台的长远发展[54,55]。

2.1.1　国外地震模拟振动台的发展状况

日本作为一个多地震国家，在 20 世纪 60 年代中期即开始建造地震模拟振动台，是世界上最早建成地震模拟振动台的国家[56,57]（附录表 A-2 是日本建造的地震模拟振动台）。1966 年，在东京大学生产技术研究所建成了 10m×2m 的地震模拟振动台；1968 年，在电力中央研究所建成了 6m×6.5m 水平地震模拟振动台；1970 年，三菱公司为日本国家防灾中心建成了世界上第一台最大的单向大型地震台（15m×15m 水平或垂直向切换）；1984 年，三菱公司成功研制了采用三参量控制方法的 6m×6m 的三向六自由度大型地震台，实现了振动台的加速度控制，并在理论上首次解决了六自由度独立控制问题；2005 年 1 月 15 日，由日本防灾科学技术研究所（NIED）建成的目前世界上最大地震模拟振动台 E-Defense[58-60]，全称是"足尺三维振动破坏试验设施"，台面尺寸为 20m×15m，最大载荷 1200t，如图 2-5 所示。到目前为止，日本已建成 3m×3m 以上的振动台 30 余座，是世界上拥有振动台规模最大数量最多的国家之一。

　　美国也是研制地震模拟振动台较早的国家之一[61]（附录表 A-3 是美国建造的地震模拟振动台）。20 世纪 60 年代初期，美国就开始了多向振动台的研制，1968 年，在伊利诺大学建成了单水平方向 3.65m×3.65m 地震模拟振动台；20 世纪 70 年代成功研制了工作频率较高、失真度较小的多向振动系统，1971 年，加州大学 Berkeley 分校建成了世界上第一台 6.1m×6.1m 水平和垂直两向振动台；20 世纪 80 年代，美国和日本合作开发了新的振动试验方法，利用计算机完成驱动信号生成、在线控制以及历史数据记录等功能，采用三状态反馈、动压反馈、速度和加速度补偿等控制策略来改善位置控制的低频段性能、速度控制的中频段性能和力控制的高频段性能，使得地震模拟振动台得到了全新的发展。美国 MTS 公司在试验系统领域一直处于世界领先地位，在近 20 年中，已向世界各国出口了 30 多台套大型振动模拟台。

　　此外，德国的大型地震台的研制开始于 20 世纪 80 年代中期[62]，其代表性公司是 SHENCK 公司，研制的第一台大型地震台就是为我国水利设计院建造的 5m×5m 大型三向六自由度地震台，该地震台原理上与以往的地震台原理基本相同，但在系统的检测和保护等方面做了大量工作；在系统控制上引入了德国西门子公司的硬件程序控制器，对地震台的操作和运行进行控制和检测，大大提高了系统的可靠性。迄今为止，据有关资料的不完全统计，世界上已经建成了近百座地震模拟振动台，主要分布在美国、日本和中国三个国家，其余的一部分振动台分布在韩国、墨西哥、加拿大、法国、英国、葡萄牙、南非和德国等一些国家（附录表 A-4 是美国、日本以外其他国家建造的地震模拟振动台）。

2.1.2　国内地震模拟振动台的发展状况

　　我国地震模拟振动台的相关研究始于 20 世纪 70 年代中期，20 世纪 80 年代得以迅速发展，除自行研制了一批振动台外，还引进了许多国外振动台来满足抗震研究的需要。（附录表 A-1 是国内建造的地震模拟振动台）

　　国内研制液压振动台的单位较多[63]，其中主要有哈尔滨工业大学、西安交通大学、武汉理工大学、吉林大学、北京自动化所、航空 303 所、中国地震局工程力学研究所、天水红山试验机厂等。中国建筑科学研究院研制了 3m×3m 单水平向振动台；甘肃天水红山试验机厂、国家地震局和机电部抗震研究室联合研制了 3m×3m 双激振器单水平向振动台，并于 1988 年在哈尔滨建成了 5m×5m 双水平向地震模拟振动台；中国地震局工程力学研究所与哈尔滨工业大学联合研制了 5m×5m 三向六自由度振动台[64]，负载质量 30t，最大加速度 1g，频宽 0.5～50Hz，该振动台于 1997 年 5 月 13 日通过了国家地震局组织的验收和鉴定，鉴定的结果表明，该试验台的建成填补了我国三向六自由度大型振动台研制的空白，其主要性能指标均达到国际先进水平。

　　随着数字伺服控制技术的发展和国内科研技术的需求，国内地震模拟振动台也取得了长足的发展[65-80]。哈尔滨工业大学电液伺服仿真及试验系统研究所为中国工程物理研究院自主研制了 2m×4m 三向六自由度振动台，该振动台频宽为 0.8～80Hz，负载 7t，与美国 SD 公司的振动控制技术结合，对弹性试件的控制效果较理想。西安交通大学的李天石教授为上海科技城建造了水平、垂直两自由度的模拟地震平台，其主要目的是进行地震知识普及。此外，中国建筑科学研究院从美国 MTS 公司引进目前国内最大的三向六自由度地震模拟振动台（图 2-1）；上海同济大学从美国 MTS 公司引进 4m×4m 单水平方向振动台（图 2-2），随后改造为六个自由度；水科院从德国 SCHENCK 公司引进了 5m×5m 单水平方向振动台等。

2.1.3　振动台台阵系统的发展状况

随着管道、多跨桥梁等细长型结构的日益增多，地震模拟振动台试验技术要求也不断提高，只通过增大地震模拟振动台规模不仅不科学，而且投资巨大，同时在试验技术角度也不能完全满足实际技术要求。因此，由多台小型振动台组成的地震模拟振动台台阵系统成为今后另一种发展趋势[81-83]。地震模拟振动台台阵不仅可以分开独立进行小型结构试验，也可以组成大型振动台进行大尺寸、多跨、多点地震输入的结构抗震试验。（附录表 A-5 地震模拟振动台台阵）

1979 年由日本建设省土木研究所建立的 4 台 3m×2m 的单水平向地震模拟振动台组成的台阵，是世界上建造最早的地震模拟振动台台阵系统。2003 年美国内华达大学里若分校（Nevada Reno）建造了 3 台 4.3m×4.5m 双水平向地震模拟振动台组成的台阵。我国重庆交通科学设计院动力实验室由 6m×3m 的六自由度地震模拟振动台组成的台阵（图 2-8），其中一台固定，另一台可移动，可以进行可变跨度达 20m 的地震模拟试验；北京工业大学正在建设的由 9 台 1m×1m 振动台和试验室原有的 3m×3m 振动台组成 10 子台地震模拟振动台台阵系统；中国台湾地震工程研究中心拟建由 3 台 3m×3m 振动台组成的地震模拟振动台台阵；同济大学建立由 4 台 6m×4m 振动台组成的双水平向台阵系统（图 2-10）。

2.2　国内外部分典型地震模拟振动台系统

（1）中国建筑科学研究院地震模拟振动台

中国建筑科学研究院地震模拟振动台系统是由美国 MTS 公司总承包建设，台面由 MTS 设计后委托首都钢铁公司制造，采用 4 台油源并列供油，流量 2000L/min，设置蓄能器阵；竖向采用 4 台 MTS 作动器，两个水平向分别采用 4 台作动器，共 12 台作动器（图 2-1）。主要技术参数见表 2-1。

中国建筑科学研究院地震模拟振动台系统技术参数　　　　　　　　表 2-1

技术参数	A
台面尺寸(m)	6.1×6.1
最大模型重量(t)	60
台面自重(t)	37
最大倾覆力矩(t·m)	180
频率范围(Hz)	0～50

续表

技术参数	A
最大位移(mm)	X:±150;Y:±250;Z:±100
最大速度(mm/s)	X:±1000;Y:±1200;Z:±800
最大加速度(g)	X:±1.5;Y:±1.0;Z:±0.8

图 2-1　中国建筑科学研究院地震模拟振动台

（2）同济大学地震模拟振动台

同济大学地震模拟振动台在朱伯龙教授的领导下于 1983 年 7 月建成，由 MTS 总承包建设。是目前国内使用率最高的地震模拟振动台（图 2-2）。主要技术参数见表 2-2。

图 2-2　同济大学地震模拟振动台

同济大学地震模拟振动台系统技术参数表 2-2

技术参数	A
台面尺寸(m)	4×4
最大模型重量(t)	25
台面自重(t)	10
最大倾覆力矩(t・m)	180

续表

技术参数	A
频率范围(Hz)	0.1～50
最大位移(mm)	X:±100;Y:±50;Z:±50
最大速度(mm/s)	X:±1000;Y:±600;Z:±600
最大加速度(g)	空载:X:±4.0;Y:±2.0;Z:±4.0 负载(15t):X:±1.2;Y:±0.8;Z:±0.7
最大重心高度(mm)	台面以上 3000
最大偏心(mm)	距台面中心 600

（3）重庆大学地震模拟振动台

重庆大学多功能振动台最大试验能力为 80t，台面尺寸 6m×6m，是目前国内已建成的规模最大、试验能力最强的振动台试验系统之一，可为建筑结构、岩土工程、工业设备的振动台试验和混合试验提供先进的大型试验平台（图 2-3）。主要技术参数见表 2-3。

重庆大学地震模拟振动台系统技术参数　　　　　　　　　　表 2-3

技术参数	A
台面尺寸(m)	6.1×6.1
最大模型重量(t)	60
台面自重(t)	41
最大倾覆力矩(t·m)	180
频率范围(Hz)	0.1～50
最大位移(mm)	X:±250;Y:±250;Z:±200
最大速度(mm/s)	X:±1200;Y:±1200;Z:±1000
最大加速度(g)	X:±1.5;Y:±1.5;Z:±1.0

图 2-3　重庆大学地震模拟振动台

（4）美国 University of California，San Diego 地震模拟振动台

美国 University of California，San Diego 的单自由度（可升级到六自由度）地震模拟振动台（图 2-4），是世界第一座室外模拟地震振动台，也是日本以外最大的模拟地震振动台。主要技术参数见表 2-4。

图 2-4　美国 San Diego 地震模拟振动台

美国 University of California，San Diego 地震模拟振动台系统技术参数　　　表 2-4

技术参数	A
台面尺寸(m)	7.6×12.2
最大模型重量(t)	400
台面自重(t)	10
最大倾覆力矩(t·m)	空载:3500 负载(400t):5000
频率范围(Hz)	0~33
最大位移(mm)	X:±750
最大速度(mm/s)	X:±1800
最大加速度(g)	空载:X:±4.2 负载(400t):X:±1.2

（5）日本防灾科学技术研究所（NIED）地震模拟振动台

世界最大的地震模拟振动台 E-Defense 是由日本防灾科学技术研究所（NIED）于 2005 年 1 月 15 日建成的，全称是"足尺三维振动破坏试验设施"，台面尺寸为 20m×15m（图 2-5）。

E-Defense 振动台由试验楼、控制楼、油压设备、试验准备楼和三维振动台等设施组成，振动台面积 300m^2（20m×15m）。主要技术参数见表 2-5。

日本防灾科学技术研究所（NIED）地震模拟振动台技术参数　　　表 2-5

技术参数	A
台面尺寸(m)	20×15
最大模型重量(t)	1200
频率范围(Hz)	0~50
最大位移(mm)	X:±1000;Y:±1000;Z:±500
最大速度(mm/s)	X:±2000;Y:±2000;Z:±700

技术参数	A
最大加速度(g)	负载:X:±0.9;Y:±0.9;Z:±1.5
最大倾覆力矩(t·m)	15000
最大偏心力矩(t·m)	4000

图 2-5　日本 E-Defense 大型模拟地震振动台

（6）法国 Laboratory of Seismic Mechanic Studies（EMSI）地震模拟振动台

法国 Laboratory of Seismic Mechanic Studies（EMSI）地震模拟振动台建于 1990 年，是欧洲最大的三向六自由度地震模拟振动台（图 2-6）。主要技术参数见表 2-6。

法国 Laboratory of Seismic Mechanic Studies（EMSI）地震模拟振动台技术参数　表 2-6

技术参数	A
台面尺寸(m)	7.6×12.2
最大模型重量(t)	100
频率范围(Hz)	0~100
最大位移(mm)	X:±125;Y:±125;Z:±100
最大速度(mm/s)	X:±1000;Y:±1000;Z:±700
最大加速度(g)	负载:X:±1.0;Y:±1.0;Z:±1.0
最大重心高度(m)	12

图 2-6　法国 EMSI 地震模拟振动台

（7）美国 State University of New York，Buffalo 地震模拟振动台

美国 State University of New York，Buffalo 的 Structural Engineering and Earth-quake Simulation Laboratory（SEESL）的两座（每座 3.6m×3.6m；单台最大模型质量：50t）可移动的三向六自由度振动台（图 2-7），两座振动台的中心距离最远可以达到 30.5m，可以进行不同跨度结构的试验，同时考虑地面的不均匀运动。主要技术参数见表 2-7。

图 2-7　美国 SEES 地震模拟振动台

美国 State University of New York，Buffalo 地震模拟振动台技术参数	表 2-7
技术参数	A 和 B
台面尺寸(m)	3.6×3.6
最大模型重量(t)	50
频率范围(Hz)	0～50
最大位移(mm)	X：±150；Y：±150；Z：±75
最大速度(mm/s)	X：±1250；Y：±1250；Z：±500
最大加速度(g)	负载：X：±1.15；Y：±1.15；Z：±1.15
最大倾覆力矩(t·m)	46
最大偏心力矩(t·m)	15

（8）重庆交通科研设计院地震模拟台阵系统

重庆交通科研设计院桥梁结构动力试验室的地震模拟试验系统是目前国内外唯一的由一个固定台和一个移动台组成台阵的大型高性能三轴向地震模拟试验台阵系统（图 2-8）。台阵系统采用了世界首创的台阵组合工作模式及台子轨道移动方式和国际上最先进的数字控制系统以及数据采集、振动测试分析系统，总体技术水平和性能指标处于国际先进水平。台阵系统组成、工作模式和主要技术参数见表 2-8

1）台阵系统组成

台阵系统由一个固定的 A 台和一个可沿轨道移动的 B 台组成。

2）工作模式

台阵系统具有三种模式的地震模拟试验能力：①两台独立工作模式；②两台合成一体工作模式；③两台作关联运动的台阵工作模式。

重庆交通科研设计院地震模拟台阵系统技术参数　　表 2-8

技术参数	A 和 B
台面尺寸(m)	3×6
最大模型重量(t)	35
频率范围(Hz)	0~50
X 方向可移动距离(m)	A 台(固定台),B 台:2.0~20.0(可移动台)
最大位移(mm)	X:±150;Y:±150;Z:±100
最大速度(mm/s)	X:±800;Y:±800;Z:±600
最大加速度(g)	负载:X:±1.0;Y:±1.0;Z:±1.0
最大倾覆力矩(t·m)	70
最大回转力矩(t·m)	35

图 2-8　重庆交通科研设计院地震模拟台阵系统

（9）中南大学高速铁路多功能振动台试验系统

中南大学"高速铁路多功能振动台试验系统"总体投资规划是由一个 4m×4m 六自由度固定台和三个 4m×4m 六自由度移动台所组成,四个振动台建在同一直线上,可独立使用,也可组成多种间距台阵,振动台具有大行程、宽频带等特点,可以承担桥梁、路基、隧道和房屋结构多点输入地震模拟试验和高速铁路人体舒适度试验等。该试验系统共分两期建设,一期现已完成,为一个固定台和一个移动台组成,即双台六自由度振动台试验系统,二期将建设另外两个六自由度移动台,从而将构建完整的高速铁路多功能四台阵试验系统（图 2-9）。主要技术参数见表 2-9。

中南大学高速铁路多功能振动台试验系统技术参数　　表 2-9

技术参数	A、B、C 和 D
台面尺寸(m)	4×4
最大模型重量(t)	30
频率范围(Hz)	0.1~50
X 方向可移动距离(m)	50.0
最大位移(mm)	X:±250;Y:±250;Z:±160

续表

技术参数	A、B、C 和 D
最大速度(mm/s)	X：±1000；Y：±1000；Z：±750
最大加速度(g)	负载：X：±0.8；Y：±0.8；Z：±1.6
最大倾覆力矩(t·m)	30
最大偏心力矩(t·m)	20

图 2-9　中南大学多功能振动台试验系统

（10）同济大学多功能振动台试验系统

同济大学多功能振动台试验系统由四个振动台（A、B、C、D）组成（图 2-10），A、B、C、D 台可形成线状振动台，也可组成大台面矩形振动台。主要技术参数见表 2-10。

同济大学多功能振动台试验系统技术参数　　　　表 2-10

技术参数	A 和 D	B 和 C
台面尺寸(m)	6×4	
最大模型重量(t)	30	70
频率范围(Hz)	0.1～50	
最大位移(mm)	X：±300；Y：±500	
最大速度(mm/s)	X：±1000；Y：±1000	
最大加速度(g)	X：±1.5；Y：±1.5	
最大倾覆力矩(t·m)	200	400

（11）福州大学地震模拟振动台系统

福州大学地震模拟振动台系统（图 2-11）是一套可移动的三台阵系统。该台阵系统主要用于各种地震工程力学的基础性理论研究、各类建筑结构、大跨悬索桥、斜拉桥、高架桥、立交桥、轻轨高架等公路及铁路桥的整体抗震研究、城市管线结构以及能源管线的抗震研究、地铁、隧道结构抗震及高边坡等的抗震试验研究、运输模拟研究等，可实现多台同步或异步地震输入试验。该系统由三个振动台组成，其中中间为固定的 4.0m×4.0m 振动台，两边为 2.5m×2.5m 可移动的振动台各一个，三个台在 10m×30m 的基坑内呈

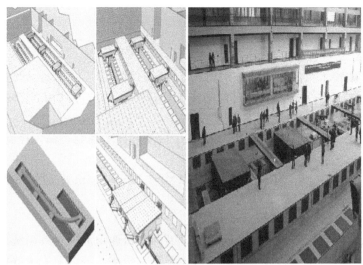

图 2-10　同济大学多功能振动台试验系统

直线布置。台阵系统组成、工作模式及主要技术参数见表 2-11。

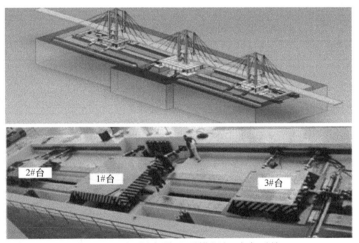

图 2-11　福州大学地震模拟振动台系统

福州大学地震模拟振动台系统技术参数　　　　　　表 2-11

技术参数	A	B 和 C
台面尺寸(m)	3×6	2.5×2.5
最大模型重量(t)	22	10
频率范围(Hz)	0.1～50	
最大位移(mm)	X:±250;Y:±250	
最大转角(度)	-13～+19	
最大加速度(g)	X:±1.5;Y:±1.2	
最大倾覆力矩(t·m)	60	20
最大偏心力矩(t·m)	11	5

　　1）台阵系统组成

　　台阵系统由 A 台（4m×4m），B、C 台（2.5m×2.5m）共三个振动台组成。

　　2）工作模式

　　三台独立工作模式（三个单台分别独立工作）；

　　三台合成整体工作模式（两或三台同步工作，三台同步可以相当于 9.0m×2.5m 大型振动台）；

　　三台作关联运动的台阵工作模式（两/三个振动台异步控制，输入控制波形可以相同，也可以不同）；

　　中间一台 4.0m×4.0m 为固定台，两边 2 个 2.5m×2.5m 振动台可纵向移动，单台移动最大距离 10m。

　　（12）西南交通大学地震模拟振动台系统

　　西南交通大学地震模拟振动台系统由主、副两个台面组成的台阵系统，主、副共用油源系统、反力基础，副台可为移动台，可以让建筑、桥梁、隧道、岩土等结构物在较大比例尺下，实现震害再现。利用振动台可以人工模拟各种条件下地震发生的情况，模拟各种工程结构震害再现的破坏形态，验证各种建（构）筑物抗震性能（图 2-12）。主要技术参数见表 2-12。

西南交通大学地震模拟振动台系统技术参数　　　　　　表 2-12

技术参数	A	B 和 C
台面尺寸(m)	10×8	3×5(3×6)
最大模型重量(t)	160	30
频率范围(Hz)	0.1～50	
最大位移(mm)	X:±800; Y:±800 Z:±400	X:±400; Y:±400 Z:±400
最大速度(mm/s)	X:±1200; Y:±1200 Z:±830	X:±1800; Y:±1800 Z:±1500
最大加速度(g)	X:±1.2; Y:±1.2 Z:±1.0	X:±2.0; Y:±2.0 Z:±1.5
最大倾覆力矩(t·m)	60	7.5
最大偏心力矩(t·m)	11	5

图 2-12　西南交通大学地震模拟振动台系统

（13）中国地震局工程力学研究所地震模拟振动台系统

中国地震局工程力学研究所地震模拟振动台系统由主、副双台面组成两台线状多功能振动台阵。两台能协同完成同步激励、非一致激励加载，主台为固定台，副台为移动台，两台之间间距可调（图 2-13）。主要技术参数见表 2-13。

中国地震局工程力学研究所地震模拟振动台系统技术参数 表 2-13

技术参数	A	B
台面尺寸(m)	5×5	3.5×3.5
最大模型重量(t)	30	6
频率范围(Hz)	0.1～100	
最大位移(mm)	X：±500；Y：±500 Z：±200	X：±250；Y：±250 Z：±200
最大速度(mm/s)	X：±1500；Y：±1500 Z：±1200	X：±2000；Y：±2000 Z：±1800
最大加速度(g)	X：±2.0；Y：±2.0 Z：±1.5	X：±4.0；Y：±4.0 Z：±3.0
最大倾覆力矩(t·m)	80	40

图 2-13 中国地震局工程力学研究所地震模拟振动台系统

第3章 地震模拟振动台控制系统理论研究

地震模拟振动台是一个集控制、测试和软件分析于一体的现代振动测试系统，主要由液压动力源系统、液压分配系统、伺服阀、作动器、振动台、模拟控制系统和计算机数字控制系统等组成[84]，如图 3-1 所示。

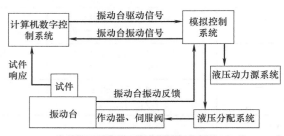

图 3-1 地震模拟振动台系统

数字控制系统由系统检测软件和地震试验软件组成。系统检测软件的主要内容是检测各 A/D 通道和 D/A 通道的硬件，在线监控各控制通道的状态；地震试验软件主要内容有试验系统数据的设置、自由度控制设置、振动台驱动信号的产生、数字信号补偿等。模拟控制系统分为静态控制和动态控制，模拟控制执行的程序是液压系统液压分配系统—伺服阀控制—作动器控制—自由度控制等。静态控制比较简单，主要是调整静态支撑的压力，以平衡振动台和试件的重力，保证系统在承重状态下获得较大垂直加速度的能力；动态控制主要是要保证系统的稳定性、精度、带宽、灵敏度、抗干扰性及线性特性等。

3.1 地震模拟振动台系统控制技术的发展

目前，大部分地震模拟振动台采用电液伺服方式，即采用高压液压油作为驱动源，这种方式具有出力大、位移行程大、设备重量轻等特点；一部分小型振动台采用的是电动式的。从激振方向来看，现在主要是以三向为发展方向。地震模拟振动台的使用频率一般是 0~50Hz，个别有特殊要求的振动台可在 100Hz 以上。振动台的位移幅值一般在 ±100mm 以内，速度在 80cm/s 之内，加速度可达 2g。从模拟控制方式来看目前主要有两种[85,86]，一种是以位移控制为基础的 PID 控制方式，另一种是以位移、速度和加速度组成的三参量反馈控制方式。

地震模拟振动台的数控方式还是采用开环迭代进行台面的地震波再现。目前新的自适应控制方法已经在电液伺服控制中有所应用，对于地震模拟振动台主要有三种方式[87,88]：一种是在 PID 控制基础上进行的连续校正 PID；另外两种是在三参量反馈控制的基础上建立的自适应逆控制方法和联机迭代方法。

20 世纪 90 年代中期以前，地震模拟振动台控制系统由模拟控制和数字控制两部分混合控制，模拟控制是控制系统的基础，数字控制是模拟控制的补充和完善[89]。随着数字控制技术的发展，在 20 世纪 90 年代中后期开发了全数字控制技术，即在地震模拟振动台液压伺服控制系统中，除了反馈传感器在进入闭环系统前采用模拟电路放大归一信号，伺服阀的阀控器采用模拟信号外，其他部分全部采用数字信号束实现。美国 MTS 系统公司已推出 469D 全数字控制器，使试验的过程简单，易于操作。数字控制技术可以消除模拟控制中电子元器件受温度、湿度等环境变化影响等缺陷，可以进一步提高系统的稳定性、可靠性和准确性。全数字控制技术完全代替模拟控制技术是发展的必然趋势。

3.1.1 传统控制技术

传统控制技术主要有两种，一种是以位移控制为基础的 PID 控制方式，一种是以位移、速度、加速度组成的三参量反馈控制方式[90,91]，如图 3-2 所示。

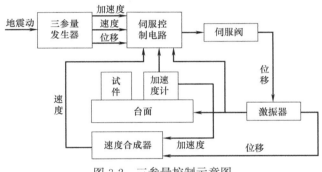

图 3-2 三参量控制示意图

反馈理论[92,93] 的要素包括 3 个部分：测量、比较和执行。测量关心的变量，与期望值相比较，用这个误差纠正调节控制系统的响应。这个理论的关键是，做出正确的测量和比较后，如何才能更好地纠正系统，PID 控制方法开始于 20 世纪 50 年代，主要由比例单元 P、积分单元 I 和微分单元 D 组成。电液伺服控制系统设计基本上采用基于工作点附近的增量线性化模型对系统进行综合分析，以位移控制为基础的 PID 控制技术因其控制规律简单而被广泛运用。

随着对控制精度的进一步提高，1972 年，日本日立公司首先运用三参量控制原理，利用加速度、速度和位移三参量反馈控制[94]。其中加速度反馈可以提高系统阻尼，速度反馈可以提高油注共振频率，运用三参量反馈控制方法对提高系统的动态特性和系统的频带宽度有很大的促进作用。试验证明这些控制模式尤其是三参量反馈控制对线性模型的控制是有效的。

3.1.2 新控制算法理论

为了能够保证抗震试验的准确性，模拟地震环境的振动台就要有足够的波形再现精度。从传统的控制理论出发，要求所建模型能够对系统的特性进行准确真实地描述。由于对电液伺服系统的控制策略是基于线性系统假设，而实际系统存在着种种的非线性和不确定性因素，因此很难达到理想的效果[95-99]。为此，20 世纪 90 年代以来，各国学者展开了新的控制算法的研究。

（1）最小控制综合控制理论（MCS）

英国 Bristol 大学的 Stoten 教授等[100-104] 提出了最小控制合成算法 MCS，并在地震模拟振动台上运用 MCS 自适应控制技术进行了试验，试验结果显示运用了 MCS 自适应控制技术比传统未使用自适应控制技术，取得明显的改善效果，显著提高了振动台性能，在有些试验中纠正误差甚至超过 5dB。该算法的控制过程是：比较输入、输出信号从而得到误差信号，误差信号驱动自适应控制器，计算该时刻的前馈增益和反馈增益，并实时修正，使系统响应逐步趋近输入信号，从而实现对系统中的各类影响因素的实时补偿，自适应控制模式能够实时调节控制器，这就能很好地解决模型的非线性问题。

（2）自适应反函数控制理论

基于自适应控制理论的振动台控制算法的研究，也取得了一定成果，如自适应反函数控制算法、自适应去谐波算法等。Dozono[105]、李天石[106] 等提出的自适应反函数控制算法，在反馈迭代控制的基础上，加入目标信号和实测信号之间的误差辨识环节，将实测数据运用最小二乘法辨识得到误差传递函数，通过得到的传递函数补偿试验构件在试验过程中产生的反作用力，从而提高振动台控制精度，此方法目前在一秒之内即可完成一次修正，因此可以实现实时补偿。

（3）线性二次型最优控制（LQR）

LQR[107-113] 即线性二次型调节器，其对象是现代控制理论中以状态空间形式给出的线性系统，而目标函数为对象状态和控制输入的二次型函数。LQR 最优设计是指设计出的状态反馈控制器 K 要使二次型目标函数 J 取最小值，而 K 由权矩阵 Q 与 R 唯一决定，故此 Q、R 的选择尤为重要。LQR 理论是现代控制理论中发展最早也最为成熟的一种状态空间设计法，而且 LQR 可得到状态线性反馈的最优控制规律，易于构成闭环最优控制。此外，Matlab 的应用为 LQR 理论仿真提供了条件，更为我们实现稳、准、快的控制目标提供了方便。

对于线性系统的控制器设计问题，如果其性能指标是状态变量和（或）控制变量的二次型函数的积分，则这种动态系统的最优化问题称为线性系统二次型性能指标的最优控制问题，简称为线性二次型最优控制问题或线性二次问题。线性二次型问题的最优解可以写成统一的解析表达式和实现求解过程的规范化，并可简单地采用状态线性反馈控制构成闭环最优控制系统，能够兼顾多项性能指标，因此得到特别的重视，为现代控制理论中发展较为成熟的一部分。

3.1.3　迭代学习控制理论

迭代学习控制起源于机器人的控制问题，其控制思想是：对于一个具有重复运动特征的被控对象，在控制过程中比较输出信号和理想的期望响应信号，不断地用上一次的误差信号修正控制量，使得误差不断衰减，从而在有限区间内提高被控对象的跟踪性能。迭代学习控制的概念最早由日本学者 Uchiyama[114] 于 1978 年提出，1984 年 Arimoto 等[115,116] 提出了实用算法，在此之后关于迭代学习控制的研究非常活跃，一直是控制领域的研究热点。近年来，关于迭代学习控制的研究依然活跃，迭代学习控制与其他一些先进控制方法的结合，又产生了许多新的算法。对于那些具有较高的重复精度要求而本身又具有较强的非线性、难以建立精确数学模型的被控系统来说，迭代学习控制的研究有着重要意义。对于具有重复特征和较强的非线性的动态系统，其动态系统特性可表示为：

$$\begin{cases} x_k(t) = f(\dot{x}_k(t), u_k(t), t) \\ y_k(t) = g(x_k(t), u_k(t), t) \end{cases} \tag{3-1}$$

其中，x_k、u_k、y_k 分别是系统的运行状态、输入和输出量，系统在给定时间区间 $[0，T]$ 上的期望响应为 $y_d(t)$，第 k 次运行的输出与期望误差信号为：

$$e_k(t) = y_d(t) - y_k(t) \tag{3-2}$$

当迭代次数 k 趋于无穷大时，如果误差信号 $e_k(t)$ 在时间区间 $[0，T]$ 上趋于零，则迭代学习控制收敛，这时才具有实际应用价值。

迭代学习控制的基本原理如图 3-3 所示[117]。

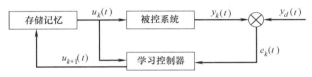

图 3-3　迭代学习控制基本原理图

伺服系统是用来精确地跟随或复现某个过程的反馈控制系统。迭代学习控制在伺服控制系统中应用较为广泛，其中主要有迭代学习控制在电液伺服控制系统、电动伺服控制系统和交流伺服系统中的应用。

在实际工程中，电液伺服控制系统是一个十分复杂的并且存在不确定性的非线性系统，对电液伺服控制系统进行精确建模是十分困难的。用一般的控制方法对电液伺服系统进行控制存在着很多不足，而迭代学习控制算法则可以处理非线性系统在重复运行过程中的跟踪控制问题[118-122]。杨明、高扬[123-126] 等利用迭代学习控制方法对交流伺服系统的参数进行整定，证明了迭代学习控制在交流伺服系统中是有效且易于实现的。

此外，各国学者对模糊控制、时滞控制、神经网络等算法在地震模拟振动台控制中的应用进行了研究和探索，取得了一定的理论研究成果[127,128]。但从总体上看，目前的控制算法研究成果大多还处在理论研究、数字仿真阶段，尚需进一步展开深入的应用研究。

3.2　地震模拟振动台电液伺服控制系统

电液伺服控制系统是一种由电信号处理装置和液压动力机构组成的反馈控制系统，它涵盖了电路系统、机械系统、液压系统以及测试反馈系统等。地震模拟振动台电液伺服控制系统主要由指令装置、油源（液压泵）、伺服阀、作动器、蓄能器、工作台以及传感器组成[129]，如图 3-4 所示。

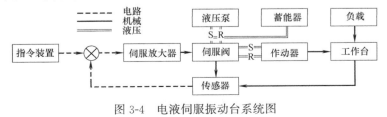

图 3-4　电液伺服振动台系统图

3.2.1　作动器

作动器[130] 是将液压油的压力能转变为活塞直线往复运动的装置。作动器的液压流量由三部分组成，第一部分为与作动器活塞运动速度成正比；第二部分为泄漏量，与负载压力成正比；第三部分为由于负载压力变化产生的压缩流量。流量方程可表示为：

$$Q = Q_t + Q_z + Q_d \tag{3-3}$$

式中　Q——液压缸的实际油量；

$\quad\quad Q_t$——使活塞产生运动的理论油量；

$\quad\quad Q_z$——泄漏量；

$\quad\quad Q_d$——压缩性流量。

① 作动器运动部分流量

$$Q_t = A \cdot v \tag{3-4}$$

式中　A——作动器有效面积；

$\quad\quad v$——作动器活塞运动速度。

② 作动器泄漏量

$$Q_z = K_z \cdot \Delta p = K_z \cdot \frac{F_a}{A} \tag{3-5}$$

式中　K_z——油液泄漏系数；

$\quad\quad \Delta p$——作动器油腔内的压力差；

$\quad\quad F_a$——作动器上的荷载值。

③ 压缩流量

$$Q_d = \frac{V}{4\beta A} F_a \tag{3-6}$$

式中　V——所取控制腔的体积；

$\quad\quad \beta$——油液体积模数。

将式（3-4）～式（3-6）代入式（3-3），作动器的流量方程可以写成：

$$Q = A \cdot v + K_z \cdot \frac{F_a}{A} + Q\frac{V}{4\beta A} F_a \tag{3-7}$$

3.2.2　蓄能器

蓄能器[131] 是一种能把液压能储存在耐压容器里，待需要时又将其释放出来的能量储存装置，起到稳定油压系统油压和提高油压系统瞬态油压的作用。主要工作原理是当压力升高时油液进入蓄能器，气体被压缩，系统管路压力不再上升；当管路压力下降时压缩空气膨胀，将油液压入回路，从而减缓管路压力的下降。

蓄能器的气容特性如果按绝热过程考虑，则有：

$$P_1 V_1^n = P_2 V_2^n \tag{3-8}$$

则可知，当进入蓄能器的油液体积为时，蓄能器内的压强为：

$$P_2 = P_0 \left(\frac{V_0}{V_0 - V_{oil}} \right)^n \tag{3-9}$$

式中　V_0——蓄能器的总容积；

　　　V_{oil}——进入蓄能器的油液体积；

　　　P_0——氮气充满整个蓄能器时的气压；

　　　n——气体常数。

3.2.3　三级伺服阀

地震模拟振动台多采用对称缸结构三级电液伺服阀控制，电液伺服阀控制是振动台控制系统第一级控制，称为内部反馈控制。

内部反馈控制系统是三阶伺服控制系统的基本控制，如图 3-5 所示。伺服阀的命令信号 $x_c(s)$ 经过比例和微分控制转换为内循环中的电信号 $x_{ci}(s)$ 进入伺服阀，参与三级伺服阀工作[132]。

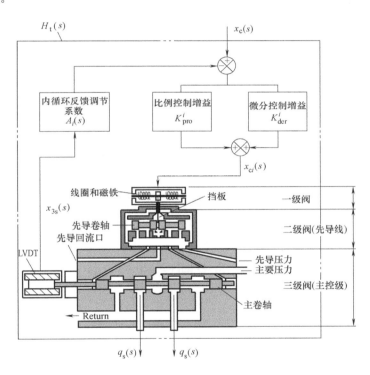

图 3-5　三阶伺服阀结构和功能示意图

基本原理为：第一级为喷嘴挡板阀，是通过电流来控制挡板绕支轴摆动，利用挡板位移来调节喷嘴与挡板之间的环状节流面积，从而改变喷嘴腔内的压力；第二级为先导级，将油液分流，从而将电信号转换为压力信号；第三级为功率放大级，此级伺服阀利用喷嘴油腔内的压力变化来推动阀芯，并逐级放大，提高了振动台的可控性，是三级电液伺服阀的主要环节。

根据三级电液伺服阀的工作原理，可表示为：

（1）在一级伺服阀里，喷嘴挡板的运动带动线圈的运动，从而将伺服阀的命令信号 $x_c(s)$ 转换为内循环中的电信号 $x_{ci}(s)$，则可知：

$$\Delta P_{\mathrm{p}}(s) = k_1 x_{ci}(s) \tag{3-10}$$

式中　k_1——喷嘴增益。

（2）在二级伺服阀里，先导轴将电信号 $x_{ci}(s)$ 转换成各个压力腔的压力 $\Delta P_{\mathrm{p}}(s)$，则有：

$$x_{3s}(s) = k_2 \Delta P_{\mathrm{p}}(s) \tag{3-11}$$

式中　k_2——二级阀增益因子。

（3）在三级伺服阀里，根据压力腔的不同压力 $\Delta p_{\mathrm{p}}(s)$ 改变从动卷轴 LVDT 的位移 $x_{3s}(s)$ 和流入作动器压力腔室流体的速度 $q_{\mathrm{s}}(s)$，可得：

$$q_{\mathrm{s}}(s) = k_{xq} x_{3s}(s) \tag{3-12}$$

式中　k_{xq}——流量增益系数。

根据伺服阀工作原理和信号传递顺序，三阶伺服阀的传递函数 $H_{\mathrm{t}}(s)$ 定义为：

$$H_{\mathrm{t}}(s) = \frac{q_{\mathrm{s}}(s)}{x_{\mathrm{c}}(s)} \tag{3-13}$$

根据线性假设将采用 PD 内循环控制，引入电信号 $x_{\mathrm{c}}(s)$ 到达一级伺服阀的时间与三级阀作出相应响应的差值延迟时间 τ，则可得：

$$x_{3s}(t) = k_1 k_2 x_{ci}(t - \tau) \tag{3-14}$$

经拉普拉斯变换为：

$$x_{3s}(t) = k_1 k_2 x_{ci}(s) e^{-\tau s} \tag{3-15}$$

最后可得三阶伺服阀的传递函数 $H_{\mathrm{t}}(s)$：

$$H_{\mathrm{t}}(s) = \frac{q_{\mathrm{s}}(s)}{x_{\mathrm{c}}(s)} = k_{xq} \frac{k_1 k_2 (k_{\mathrm{pro}}^i + s k_{\mathrm{der}}^i)}{1 + A_i(s) k_1 k_2 (k_{\mathrm{pro}}^i + s k_{\mathrm{der}}^i)} e^{-\tau s} \tag{3-16}$$

3.3　地震模拟振动台系统运动控制理论

3.3.1　闭环控制

在地震模拟振动台运行过程中，每一次命令执行都包括了两个基本的控制系统，分别是内闭环控制系统和外闭环控制系统，而内外部双闭环控制系统可以统称为基本闭环控制系统，两者都是以反馈控制为基础，形成闭环控制。其中内部闭环控制系统主要针对伺服控制，而外闭环控制系统主要针对控制系统对信号的处理。对于外部闭环控制系统，系统主要采用三变量调节控制系统和四个辅助控制系统，用以帮助振动台更加真实地反映命令波形[133]。

由系统命令所产生的位移信号为输入信号，以 LVDT 转换器所产生的信号为反馈信号，实时调节系统，用以减少输入与输出之间的差值，最后真实再现系统命令，如图 3-6 所示。

由于地震试验测试系统所需的控制频带都很宽，位移只能在低频段内进行控制是远远不够的，在整个控制系统中引入速度控制和加速度控制，由速度变量控制中频段，加速度变量控制高频段，从整体上拓宽了控制系统的频带范围。

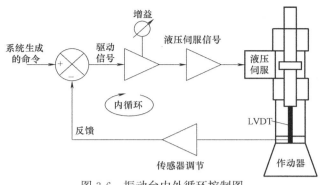

图 3-6　振动台内外循环控制图

3.3.2　三参量控制（TVC）

（1）基本原理

对于数字化地震模拟振动台控制系统的研究，在内外双闭环控制的基础上，主要的控制参数就是位移、速度、加速度。三参量控制作为地震模拟振动台的主要控制系统，对提高系统性能，增加系统运行时的稳定性有着重要的作用，图 3-7 为三参量控制原理图。

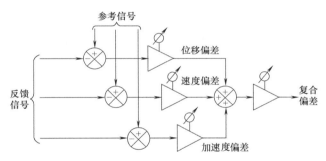

图 3-7　三变量控制原理图

对于天然采集的地震波，工作频率一般为 0～25Hz，而人工波的工作频率范围较宽，所以地震模拟振动台的工作频率范围一般要求为 0～50Hz。然而，由于地震模拟振动台的液压固有频率在 10Hz 左右，阻尼比在 0.3 左右，系统本身的频率较低，容易引起振动台控制系统的油柱共振，造成系统的不稳定。采用三变量控制，用位移、速度、加速度三种信号同时对命令信号进行处理，避免在低、中、高频率范围内的系统共振现象，使得系统稳定，波形失真现象减小。

外闭环控制系统的主要控制变量为位移，三参量控制的实质就是将命令信号即电压作为输入信号，经过三变量控制器的变化分别转化为位移、速度、加速度三种信号，然后将三个信号按一定的比例合成，并用以代替位移控制时位移的输入增益，从而改变信号的大小。位移信号在低频段对位移的改变量影响较大，由位移控制低频段；速度信号在中频段对位移的改变量较大，由速度控制中频段；加速度信号在高频段对位移的改变量较大，由加速度控制高频段。

因此，三变量控制方法即利用加速度、速度和位移三个变量的反馈，重新调整系统状态，从而达到增大系统阻尼，拓展系统频宽的目的。

（2）三参量反馈系统分析

在液压传动中，假定荷载性质为纯惯性负载，可以用三连续方程来表述。在液压伺服系统中位移反馈环是基本的环，同时加入了速度反馈和加速度反馈后的系统，亦是三参量反馈系统，传递函数图如图 3-8 所示。

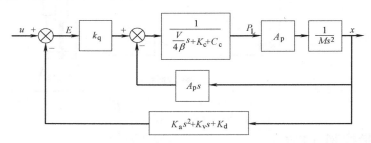

图 3-8　三参量反馈传递函数图

三连续方程可写为：

$$\left.\begin{array}{l} Ms^2x = A_pP_L \\[2mm] Q_L = A_psx + \dfrac{V}{4\beta}sP_L + C_cP_L \\[2mm] Q_L = k_qE - K_cP_L \end{array}\right\} \tag{3-17}$$

式中，第一式为负荷的惯性力与作动缸的出力的平衡方程。

第二式为作动缸需要的流量，由三部分组成，第一部分为与作动缸活塞运动速度成正比，直接做功用；第二部分为油液量可压缩体，随负载压力变化而变化；第三部分为泄漏量，与负载压力成正比。第三式为伺服阀的输出流量与控制信号之间关系，它还包含有损失的一部分流量，由伺服阀的压力流量系数随负载压力变化而变化的流量值。

根据图 3-8 三参量反馈传递函数可列出如下方程：

$$\left.\begin{array}{l} E = u - (K_as^2 + K_vs + K_d)x \\[2mm] x = (k_qE + A_psx)\dfrac{A_p}{Ms^2}\dfrac{1}{\dfrac{V}{4\beta}s + K_c + C_c} \end{array}\right\} \tag{3-18}$$

整理后可得：

$$x = \frac{k_q}{A_p}\frac{1}{\dfrac{MVs^3}{4\beta A_p^2} + \dfrac{M(K_c + C_c)s^2}{A_p^2} + s + \dfrac{k_q}{A_p}(K_as^2 + K_vs + K_d)}u \tag{3-19}$$

令：

$$n_0^2 = \frac{4\beta A_p^2}{MV} \tag{3-20}$$

$$\frac{2D_0}{n_0} = \frac{M(K_c + C_c)}{A_p^2} \tag{3-21}$$

式中　n_0——通常称为作动缸的油柱共振频率；

　　　　D_0——为阻尼比。

式为：

$$x = \frac{k_q}{A_p} \frac{1}{\frac{s^3}{n_0^2} + \frac{2D_0 s^2}{n_0} + s + \frac{k_q}{A_p}(K_a s^2 + K_v s + K_d)} u \qquad (3\text{-}22)$$

设：

$$\left.\begin{array}{l} u = A_d u_0 \\ K_a = A_a' K_{a0} \\ K_v = A_v' K_{v0} \\ K_d = A_d' K_{d0} \end{array}\right\} \qquad (3\text{-}23)$$

式中　A_d——为位移输入增益；

　　　A_d'——为位移反馈增益；

　　　A_v'——为速度反馈增益；

　　　A_a'——为加速度反馈增益；

　　　K_{d0}——为位移反馈归一灵敏度；

　　　K_{v0}——为速度反馈归一灵敏度；

　　　K_{a0}——为加速度反馈归一灵敏度；

　　　u_0——为控制指令信号。

式（3-22）可整理为：

$$x = \frac{k_q A_d}{A_p} \frac{1}{\frac{s^3}{n_0^2} + \frac{2D_0 s^2}{n_0} + s + \frac{k_q}{A_p}(A_a' K_{a0} s^2 + A_v' K_{v0} s + A_d' K_{d0})} u_0 \qquad (3\text{-}24)$$

设：

$$k_v' = \frac{k_q K_{d0} A_d'}{A_p} \qquad (3\text{-}25)$$

则式（3-24）可整理为：

$$x = \frac{A_d}{K_{d0} A_d'} \frac{1}{\frac{1}{k_v'}\left(\frac{s^2}{n^2} + \frac{2Ds}{n} + 1\right)s + 1} u_0 \qquad (3\text{-}26)$$

式中，

$$\left.\begin{array}{l} \dfrac{2D}{n} = \dfrac{A_p K_v'}{k_q K_{d0} A_d'}\left(\dfrac{2D_0}{n_0} + \dfrac{k_q A_a' K_{a0}}{A_p}\right) \\[3mm] k_v' = k_v \dfrac{1}{1 + \dfrac{k_q}{A_p} K_{v0} A_v'} \\[3mm] A_d' = \dfrac{k_v' A_p}{k_q K_{d0}} \dfrac{n^2}{n_0^2} \\[3mm] A_v' = \dfrac{A_p}{k_q K_{v0}}\left(\dfrac{n^2}{n_0^2} - 1\right) \\[3mm] A_a' = \dfrac{A_p}{k_q K_{a0}}\left(\dfrac{2Dn}{n_0^2} - \dfrac{2D_0}{n_0}\right) \\[3mm] k_q = \dfrac{k_v' A_p}{K_{d0} A_d'} \dfrac{n^2}{n_0^2} \end{array}\right\} \qquad (3\text{-}27)$$

由式（3-27）可得：

$$n^2 = \frac{k_q K_{d0} A_d'}{A_p k_v'} n_0^2 = \left(1 + \frac{k_q}{A_p k_v'} K_{v0} A_v'\right) n_0^2 \tag{3-28}$$

从而可得：

$$\frac{2D}{n} = \left(\frac{2D_0}{n_0} + \frac{A_a' K_{a0} k_q}{A_p}\right)\frac{n_0^2}{n^2} \tag{3-29}$$

由上式可以看出，当 n 取为 n_0 时，即无速度反馈。由于引入速度反馈，因而 $\frac{n_0^2}{n^2} < 1$，故在调节 A_a' 时，认可调节至阻尼比 D 达到所需值，即认可使 $D > D_0$，亦即使系统阻尼比增加，以实现既提高油柱共振频率，又可使系统稳定。

3.4　台面控制理论

3.4.1　台面运动形式

地震模拟振动台台面的无限制的运动形式是六自由度的运动形式，即平动的三个自由度运动形式：沿 X 向的横向运动（X 向）、沿 Y 向的纵向运动（Y 向）和沿 Z 向的垂直运动（Z 向）；旋转的三个自由度运动形式：绕 X 轴的转动（Roll）、绕 Y 轴的转动（Pitch）以及绕 Z 轴的转动（Yaw），图 3-9 所示为六自由度的运动形式和作动器布置[134]。

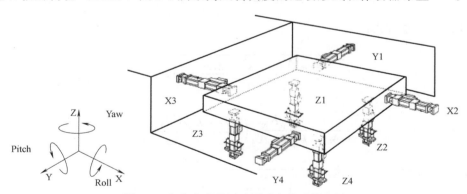

图 3-9　六自由度的运动形式和作动器布置

对于一个典型的带 8 个作动器来控制其运动的六自由度振动台来说，它有 4 个垂直作动器和 4 个水平作动器。作动器编号按照其协同工作（同一角）以及台面位置来进行的，如在 1 号位置的两个作动器：Y 向作动器♯1，垂直向作动器♯1，如图 3-10 所示。

每个运动的自由度都不止一个作动器来控制：X 向和 Y 向自由度均由两个作动器控制，即分别由 X 向♯2 和♯3，以及 Y 向♯1 和♯4 来控制；而 Z 向自由度由四个作动器来控制，即 Z 向♯1、♯2、♯3 和♯4。另外旋转方向的自由度也不止一个作动器来控制：绕 X 轴的转动（Roll）和绕 Y 轴的转动（Pitch）由四个 Z 向作动器控制，而绕 Z 轴的转动（Yaw）由两个 X 向作动器和两个 Y 向作动器控制。所有作动器的运动都可以看成正

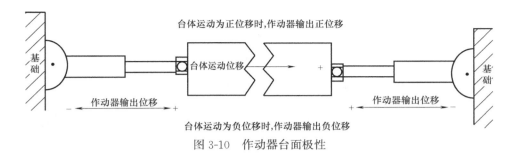

图 3-10 作动器台面极性

向的和负向的台面运动，如图 3-10 所示为作动器或台面的运动极性，尽管大多数 MTS 振动台系统都使用同一的 DOF 协作系统，但作动器或台面的运动极性都有特定的规定。

3.4.2 自由度控制

在一个 MTS 地震测试系统中，它为每一个电子控制的自由度配备了一个三变量控制环（加速度、速度和位移控制），每个这样的控制环的伺服稳定模块对比反馈信号和指令信号，然后产生一个复合偏差信号来控制该自由度的作动器，从而控制台面的运动[135]。

为了提供单一的设置点控制给每个自由度的所有作动器，作动器的反馈信号必须被平均作为伺服稳定模块的反馈信号。另外，伺服稳定模块的复合偏差信号输出必须产生不止一个作动器控制信号，然后将这些信号与控制轴的复合偏差信号进行综合处理而获得理想的台面运动。

考虑到决定台面某个自由度的作动器，首先平均该自由度的所有作动器的反馈信号，从而提供每个控制变量的反馈输入信号给伺服稳定模块，然后复合 DOF 的复合偏差信号和相应 DOF 的复合偏差信号，最后产生联动的作动器控制信号。

台面 X 向自由度控制系统的功能模块（图 3-11）是通过两个控制 X 向和 Yaw 向台面运动的作动器来实现的，考虑到两个作动器的位置，DOF 加法模块将每个作动器的信号

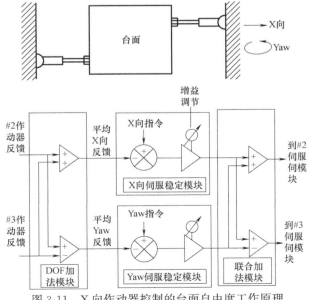

图 3-11 X 向作动器控制的台面自由度工作原理

相加产生 X 向和 Yaw 向平均反馈信号，这些平均反馈信号通过伺服稳定模块与其相应的参考信号相减产生 X 向和 Yaw 向两个自由度的复合偏差信号，这些复合偏差信号在联合加法模块里相加为伺服阀模块提供输入，即产生每个伺服阀（作动器）的控制信号。

3.4.3　台面控制理论分析

基于四个垂直向作动器控制的三个自由度（垂直、Pitch 和 Roll）振动控制系统（图 3-12），它包含了基本闭环控制、内外环闭环控制、三参量控制（TVC）和自由度（DOF）控制。参考输入有三个（垂直、Pitch 和 Roll），当垂直向自由度运动时，四个垂直作动器的运动相同，即由三个输入变量决定一个输出变量；当 Pitch 和 Roll 自由度运动时，四个垂直作动器的变量只包含两个不同的变量，即由三个输入变量决定两个输出变量。

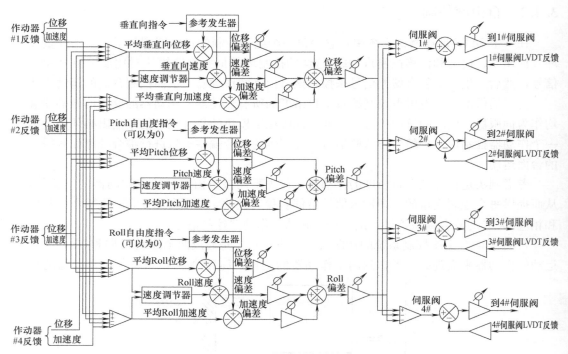

图 3-12　基于 4 个垂直作动器的台面基本控制原理

其中三变量控制就是基于加速度、速度和位移的控制，而使用一个单一的信号变量控制就无法在振动台振动测试系统的宽频范围内保证平台的准确工作，TVC 方式提供了位移、速度和加速度三种变量的同时控制。它把指令信号和这三种控制变量的反馈信号融合来提供给需要的系统工作，特别强调低频时的位移、中频时的速度和高频时的加速度。这保证了振动台系统的频率稳定特性，从而获得了很好的工作状态。

3.5　自适应控制技术

由于试件和试验系统的非线性，以及系统组件等因素的影响下，改变了系统的效果，致使给定一个命令信号不会产生预期的响应。因此，为了提高系统响应的保真度，在控制系统中加入了自适应控制技术，主要有 APC、AHC、AIC、OLI 等，用以修正整个系统的误差[136-143]。

3.5.1 幅值相位控制（APC）

主要针对正弦响应信号存在的相位滞后和幅值衰减问题。它是从源头即基频上给系统一个超前的信号，然后经过系统的时滞和衰减，使得正弦响应信号达到预期的水平。但是事实上，对于响应信号的时滞和衰减的程度并不是很清楚，所以需要预先根据输出驱动系统的模型反向预估出系统的输出信号，计算出超前信号的各种参数，最后对实际输出与期望信号进行对比学习，通过 LMS 算法计算出更加合理的超前信号，从而改善正弦加速度响应信号。图 3-13 所示为 APC 功能原理图。

主要功能有：（1）只适用于正弦波和线性系统；（2）在噪声（反馈信号）影响下可以使用；（3）在正弦波的每个点上快速收敛校正到最佳；（4）校正相位误差和幅度误差。

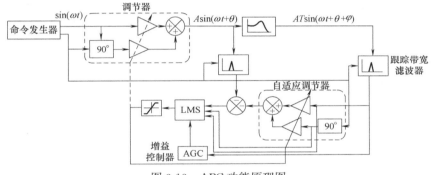

图 3-13　APC 功能原理图

3.5.2 自适应性谐波消除（AHC）

自适应谐波消除（AHC）主要针对复杂的非线性反馈系统存在的杂散谐波，它直接测量的谐波失真，并在实时的消除波形，它适用于控制系统的输入。图 3-14 为 AHC 功能图。

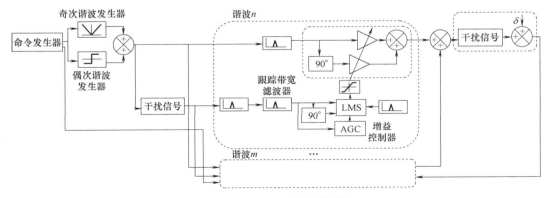

图 3-14　AHC 功能原理图

　　自适应谐波消除是增加谐波的控制器命令波形与正相位和振幅，以取消在系统输出的谐波。在每一个谐波被消除的过程中，AHC 都是利用最小均方值（LMS）通过将系统的驱动响应误差减至为零的方法来计算最合理的相位和幅值。它一般同时对多个干扰谐波来进行自适应性幅相调节，将每一个干扰波作为误差信号来消除，所以数据计算量很大。

3.5.3　自适应逆控制（AIC）

　　自适应逆控制（AIC）是一个控制补偿技术，主要针对有效带宽内的窄带或宽带系统本身存在着相互干扰和动力反应的跟踪误差，提高了控制系统的输入输出的频响，以达到完美的控制保真度，主要适用于线性系统的非正弦命令信号。图 3-15 为 AIC 功能原理图。

　　自适应逆控制（AIC）通过增加一个固定增益控制器纠正闭环增益和相位不规则，提高控制的保真度。此外，在多通道控制系统的交叉耦合动力学，它大大降低了控制通道之间的交叉耦合干扰，直接和修改实时的控制补偿响应，使它能够适应动态系统的变化，进而实现动态系统的控制。

　　它通过对振动台系统的激振，求出当前状态下系统的传递函数和其逆传递函数；将期望的输出与其逆传递函数相乘，即得到与当前状态相对应的修正控制输入；用得到的控制输入，再对系统进行激振，由台体的输出与期望输出的偏差再次对控制输入进行修正，直至达到期望的输出为止。AIC 算法实现的难度主要是在算法的复杂度和运算速度上，对线性系统的处理效果较好。

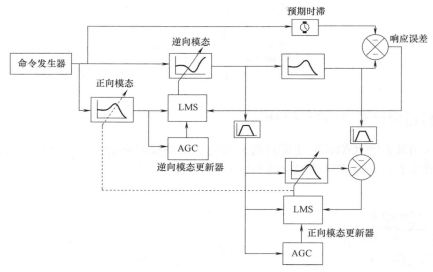

图 3-15　AIC 功能原理图

3.5.4　实时迭代（OLI）

　　实时迭代（OLI）是一种迭代学习的过程，对于非线性耦合且需要高精度跟踪控制要求的振动台试验有着极强的适用性。通过反复修改指令输入到控制系统对单个样本的样本基础上到控制系统的响应达到原本期望的命令。主要适用于非线性系统的非线性命令信号。图 3-16 为 OLI 功能原理图。

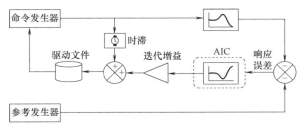

图 3-16 OLI 功能原理图

实时迭代可以理解为在振动台控制系统中主要采用的是闭环迭代控制，它主要把系统实际响应与期望命令的一部分误差作为修正值，生成驱动文件，通过驱动文件驱动系统做出响应，然后对比驱动后的系统响应与所期望的响应，若不相同则继续迭代过程，若相同，则迭代完毕。整个迭代过程中，系统通过驱动器计算驱动误差的最佳线性估计来进行迭代过程，通过迭代增益控制迭代程度。一般把 AIC 与 OIL 相结合，将 OLI 的迭代过程中的传递函数和其逆函数，在 AIC 中进行求解，在 OLI 中进行整理和修改，从而减少系统时滞。

3.6 特殊控制补偿技术

地震模拟振动台主要用于高层建筑、桥梁、核电设备等抗震试验的重要设备，而随着地震模拟振动台的载重和尺寸越来越大，试件在进行试验时会产生例如倾覆力矩、偏心负载等不利于台面平衡的因素。为了消除以上不利因素，其控制方式仍以三变量为主，除了自适应去谐波控制（AHC），自适应反函数控制（AIC）和实时迭代控制（OLI）等控制技术补偿外，还包括：倾覆力矩（OTM）补偿、偏心负载补偿（OCL）和力平衡补偿、压差稳定补偿（ΔP）等。

3.6.1 倾覆力矩补偿

在振动测试中，一个潜在不稳定的因素就是倾覆力矩，主要原因是由于试件重心的高度所造成的，由于水平的加速度，试件和台面就产生一个翻动的力矩，如图 3-17 所示。

在图 3-17 中，任意的 X 向作动器移动都会产生一个力，这个力产生一个绕 Y 向轴旋转（Pitch）的运动（即倾覆力矩），而倾覆力矩的大小就等于作用于试件上的力与试件的重心高度（离台面）的乘积，设倾覆力矩为 M，试件离台面的重心高度为 h，试件的质量为 m，加速度为 a，则可得到 $M = m \times a \times h$。

倾覆力矩可以通过从横向（X 向）和纵向（Y 向）控制环引进合适的力的信号给合适的旋

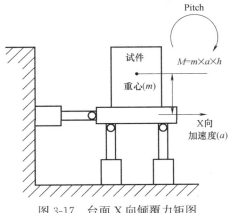

图 3-17 台面 X 向倾覆力矩图

转控制环来消除，如图 3-18 所示。

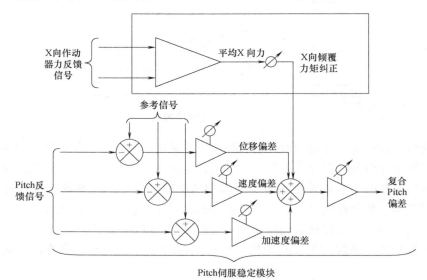

图 3-18　台面 X 向倾覆力矩补偿功能图

同样，在台面进行 Y 轴振动时，试件重心的倾覆力和倾覆力矩也会对台面产生一个绕 X 向轴旋转（Roll）的运动（即倾覆力矩），原理与上述相同。

3.6.2　偏心负载补偿

偏心负载（OCL）补偿相似于 OTM 补偿，当试件的重心不在台面中心时就需要作 OCL 补偿。试件处于偏心时，任何平动轴都会在相应旋转轴产生旋转运动。在系统中，X 向的平动将由于试件的偏心引起绕垂直轴的旋转运动（Yaw）；如果试件是 Y 向偏心的，Y 向的平动也将产生绕垂直轴的旋转运动，如图 3-19 所示。

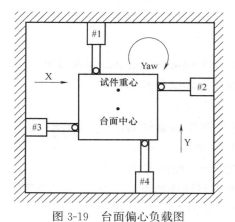

图 3-19　台面偏心负载图

偏心负载通过把每个运动轴合适的力信号引进到合适的旋转轴的控制环进行补偿。X 向的力将会被应用到 Pitch 控制电路，Y 向的力将会被应用到 Roll 控制电路，X 向和 Y 向的力将会被应用到 Yaw 控制电路（图 3-20）。

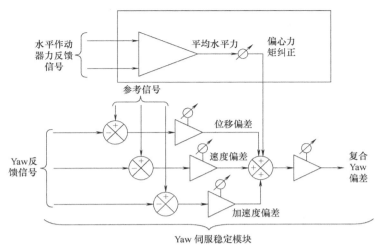

图 3-20　台面水平向偏心力矩补偿功能图

3.6.3　力平衡补偿

力平衡补偿主要用于超过一个作动器影响平动轴或旋转轴控制时，处于约束过多的状态的控制系统。如果考虑台面为刚体，3 个作动器完全可以决定台面的水平度。第四个作动器，如果不完全平衡，将会施加大的力来试图把台面从另外 3 个作动器决定的水平面改变为另一平面。由于台面的高刚性，作动器位置上小的偏差都会导致台面内在比较大的力产生，力的"不平衡"会严重限制作动器系统的作用力。

因此，在一个给定的自由度中，力平衡电路通过平衡每个作动器产生的力与余下其他的作动器的权重平均值来达到补偿这个"不平衡"的效果，它保证了所有工作中的作动器力的平衡（图 3-21）。

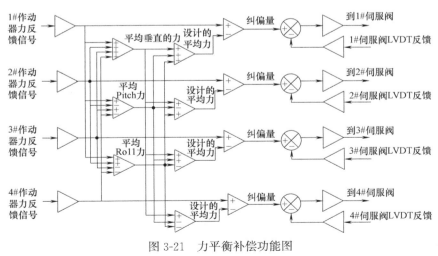

图 3-21　力平衡补偿功能图

3.6.4　压差稳定补偿（ΔP）

在 MTS 试验系统中，压差稳定补偿的作用主要是用来提高系统性能的保真度。主要功能可以保持在地震测试过程中遇到的高频，并可提供更持久稳定的加速度。压差（ΔP）稳定适用于所有电子控制轴，图 3-22 说明了在单自由度 ΔP 稳定中的应用。

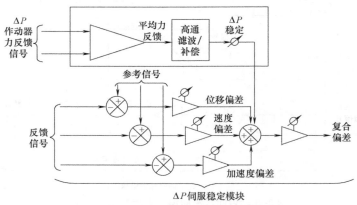

图 3-22　压差稳定补偿功能图

第4章 地震模拟振动台系统基准性能研究

4.1 概述

地震模拟振动台系统是一个复杂的试验系统，其参数包括很多方面，主要有地震模拟振动台的规模、基准性能、机械系统刚度、基础以及液压源系统等[144]。

（1）地震模拟振动台的规模。主要包括台面的尺寸、台面上的荷载重量、台面自身重量以及台面的振动方向，而其运动方向根据模型试验要求而定，可以是单水平方向、单垂直方向、双水平方向和垂直二向、三向六自由度即三个平移方向和三个转动方向。

（2）地震模拟振动台基准性能。地震模拟振动台在安装调试完成后，需要对系统的主要性能指标进行测试，全面了解系统的基准性能，主要分为静态性能和动态性能。静态性能指标包括：位移精度、旋转角、加速度信噪比等；动态性能指标主要包括：最大功能曲线（空载、20t、30t）、频率特性、加速度不均匀度、加速度稳定性、加速度重复性误差、倾覆力矩、连续运行时间等。

（3）机械系统刚度。主要包括台面刚度、垂直系统刚度、侧向导向装置刚度，设计时要求使得机械系统刚度固有频率高于使用频率，以保证地震模拟振动台系统的正常工作。

（4）地震模拟振动台基础。地震模拟振动台基础为动力基础，是地震模拟振动台参数的一个重要的方面，基础设计建造不当，造成基础振动大，对台面运动性能、周围建筑物、现场工作人员环境等方面都有影响，还可能有损人体健康。

（5）液压源系统。主要包括了液压泵站、管路、油路分配器、蓄能器组、水冷却系统等组成。地震波是一个瞬态变化过程，能量变化大，液压源系统为地震模拟振动台在试验过程中的能量消耗需求提供驱动，以保证试验的真实度。液压源系统也是确定地震模拟振动台基准性能的一个重要指标，其中最大功能值（最大速度）受到其限制影响，以及保证地震模拟振动台在一个合理的温控范围内正常工作。

4.2 地震模拟振动台系统

地震模拟振动台系统一般主要由动力基础、台面及支撑系统、激振器系统、液压源系统、数字控制系统等部分组成。

4.2.1 动力基础

动力基础是振动台系统的重要组成部分，动力基础的性能和设计施工精度直接影响到地震模拟振动台的正常运行。此外在地震模拟振动台运行时对工作人员的工作环境、附属的实验大楼以及其他试验都有一定的影响，比较常见的地震模拟振动台动力基础有整体式开口箱式基础、水平和垂直分离式基础、基础和桩基组合型、带隔振沟的大块基础、双层隔振型基础等。西安建筑科技大学地震模拟振动台系统采用带隔振沟的大块独立基础，与实验室大厅结构设有隔振缝，以此分开。

4.2.2　台面及支撑系统

目前世界上地震模拟振动台台面主要有钢筋混凝土台面结构、铝合金台面结构、钢焊接结构等。西安建筑科技大学地震模拟振动台采用钢焊梯台型台面结构（图 4-1），台面尺寸 4.1m×4.1m，台面质量 16t，台面厚 1.4m，台面有内置 81 个螺栓孔，孔间距为500mm，孔径 30mm，通过螺栓对试件进行连接固定。

图 4-1　地震模拟振动台台面

西安建筑科技大学地震模拟振动台支撑系统（图 4-2）由四个垂直方向作动器（Z1、Z2、Z3、Z4）和四个水平方向作动器（Y1、X2、X3、Y4）组成。垂直作动器附设有静态支撑结构，振动台停靠时，四个垂直作动器作为主要的支撑机构。静态支撑结构由竖向作动器外附的氮气筒和作动器内设结构组成，主要作用是在振动台静止或运动时，分担台面和试件的重量，同时对作动器起到稳压及保护作用。

图 4-2　台面支撑系统

4.2.3 激振器系统

激振器系统主要由作动器、位移传感器和电液伺服阀组成。作动器作为驱动系统动作的直接执行元件，主要由缸体、活塞头、活塞杆、力传感器、行程传感器等组成。位移传感器通常用的是差动变压器（LVDT）式的位移计，可分为交流式和直流式两种，从装设方法上又可分为内装式和外装式两种。电液伺服阀是电液地震模拟振动台系统的核心部件，是一种能量转换和液压放大装置，其系统性能的好坏对振动台性能起着决定的作用，主要配置在作动缸上面，用来控制液压油的方向和流量，实现对作动器的快速、精确的控制。

西安建筑科技大学地震模拟振动台激振器系统由四个垂直作动器，四个水平方向作动器组成。竖向作动器主要参数：最大出力 266kN，静态行程 254mm，动态行程 203mm；水平作动器主要参数：最大出力 316kN，静态行程 609mm，动态行程 508mm。图 4-3 为水平方向作动器。

图 4-3　水平方向作动器

4.2.4 液压源系统

液压源系统（图 4-4）由液压泵站、蓄能器组、冷却系统、高低压管道系统、向激振器供油的油路分配系统和油源控制系统组成。西安建筑科技大学地震模拟振动台液压油源

图 4-4　液压源系统

系统采用的是 505.180 型油泵，共有三组 18 台油泵，最大流量为 1800L/min。油泵的主要参数：额定工作压力 21MPa（3000psi），最大流量 593L/min，电机功率 50kW。

4.2.5　数字控制系统

地震模拟振动台数字控制系统包括液压伺服系统的信号再现控制、系统过程的顺序控制、系统安全保护控制等。图 4-5 为地震模拟振动台数字控制和操作系统。

图 4-5　数字号控制与操作系统

信号再现控制包括波形产生、波形选择、自适应补偿、波形迭代和信号输出等。主要是由系统产生的命令信号转化为 8 个液压缸的驱动信号，实现转体（Roll）、俯仰（Pitch）和侧转（Yaw）变换三个转动自由度和横移、纵移、升沉三个平动自由度的运动，并通过对实时反馈信号与驱动信号的误差值的校正，达到信号精确再现控制。图 4-6 为地震模拟振动台控制软件界面（469D）。

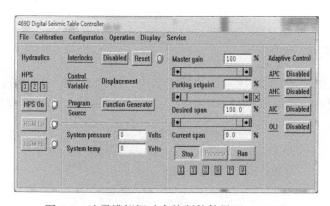

图 4-6　地震模拟振动台控制软件界面（469D）

系统过程的顺序控制主要指开启控制系统的顺序，先开启地震模拟振动台控制软件、后开启液压源系统、启动泵站，升低压、启动静态支撑、升高压，油温升温和降温等，以保证地震模拟振动台正常顺利运行。

系统安全保护控制包括位移、加速度、速度的超限保护，伺服阀过电流保护，油压超压保护，超油温保护，系统断电保护等。图 4-7 为部分系统保护项。

图 4-7 部分系统保护项

4.3 地震模拟振动台试验系统静态性能测试研究

4.3.1 位移精度

根据地震模拟振动台的性能指标，对三个方向（X、Y、Z）位移精度进行测量，输入 5 个命令信号值点，分别为负向位移最大值点、负向 1/2 最大值点、0 点、正向 1/2 最大值点正向位移最大值点，测量信号反馈值，见表 4-1～表 4-3。

X 向位移精度值 表 4-1

命令信号	反馈信号（mm）			平均值（mm）	误差（%）
（mm）	1#	2#	3#		
−150.00	−150.20	−150.22	−150.20	−150.21	0.14
−75.00	−75.05	−75.15	−75.07	−75.10	0.07
0.00	0.00	−0.01	0.00	−0.01	0.00
75.00	75.10	75.12	75.14	75.11	0.07
150.00	150.14	150.08	150.17	150.11	0.07

表 4-1 中可以看出，通过三次测量 X 向位移，命令信号为−150.00mm 时，反馈信号平均值为−150.21mm，误差为 0.14%；命令信号为−75.00mm 时，反馈信号平均值为−75.07mm，误差为 0.07%；命令信号为 0.00mm 时，反馈信号平均值为−0.01mm，误差为 0.00%；命令信号为 75.00mm 时，反馈信号平均值 75.14mm，误差为 0.07%；命令信号为 150.00mm 时，反馈信号平均值为 150.11mm，误差为 0.07%。由以上数值

41

可以看出，X 向位移精度最大误差为 0.14%。

Y 向位移精度值 表 4-2

命令信号（mm）	反馈信号（mm）			平均值（mm）	误差（%）
	1#	2#	3#		
−250.00	−250.18	−250.25	−250.18	−250.22	0.09%
−125.00	−125.10	−125.17	−125.10	−125.14	0.05%
0.00	0.06	0.00	0.08	0.03	0.01%
125.00	125.06	124.99	125.07	125.03	0.01%
250.00	250.18	250.16	250.30	250.17	0.07%

表 4-2 中可以看出，通过三次测量 Y 向位移，命令信号为 −250.00mm 时，反馈信号平均值为 −250.22mm，误差为 0.09%；命令信号为 −125.00mm 时，反馈信号平均值为 −125.14mm，误差为 0.05%；命令信号为 0.00mm 时，反馈信号平均值为 0.04mm，误差为 0.01%；命令信号为 125.00mm 时，反馈信号平均值 125.03mm，误差为 0.01%；命令信号为 250.00mm 时，反馈信号平均值 250.17mm，误差为 0.07%。由上数值可以看出，Y 向位移精度最大误差为 0.09%。

Z 向位移精度值 表 4-3

命令信号（mm）	反馈信号（mm）			平均值（mm）	误差（%）
	1#	2#	3#		
−100.00	−99.90	−99.88	−99.85	−99.89	0.07%
−50.00	−49.92	−49.96	−49.92	−49.94	0.04%
0.00	0.02	0.01	0.03	0.02	0.01%
50.00	50.05	50.02	50.06	50.04	0.02%
100.00	100.06	100.01	100.06	100.04	0.02%

表 4-3 中可以看出，通过三次测量 Z 向位移，命令信号为 −100.00mm 时，反馈信号平均值为 −99.89mm，误差为 0.07%；命令信号为 −50.00m 时，反馈信号平均值为 −49.94mm，误差为 0.04%；命令信号为 0.00mm 时，反馈信号平均值为 0.02mm，误差为 0.01%；命令信号为 50mm 时，反馈信号平均值 50.04mm，误差为 0.02%；命令信号为 100.00mm 时，反馈信号平均值 100.04mm，误差为 0.02%。由上数值可以看出，Z 向位移精度最大误差为 0.07%。

4.3.2　旋转角

根据地震模拟振动台的性能指标，对三个旋转方向（Roll、Pitch、Yaw）进行旋转角测试，如图 4-8 所示，表 4-4 为三个方向旋转角度值。

三向旋转角度值 表 4-4

序号	方向	角度（°）
1	Θx(Roll)	±3.5
2	Θy(Pitch)	±3.5
3	Θz(Yaw)	±5.25

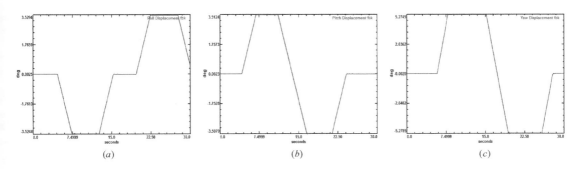

图 4-8 三个方向旋转角测试图

(a) Roll 向旋转角；(b) Pitch 向旋转角；(c) Yaw 向旋转角

表 4-4 中可以看出，Roll 方向，最大旋转角测量值为 ±3.5°；Pitch 方向，最大旋转角测量值为 ±3.5°；Yaw 方向最大旋转角测量值为 ±5.25°。

4.3.3 加速度信噪比

地震模拟振动台处于空载状态下，将地震模拟振动台完全按正常使用状态开启，设备正常运行，油温达到 30～45℃，输入信号为零，测量台面噪声加速度有效值见表 4-5，测得台面噪声如图 4-9 所示。加速度信噪比 M 由公式可得[145]：

$$M = 20\lg\frac{a_{\max}}{a_0} \tag{4-1}$$

式中　M——加速度信噪比，单位为分贝（dB）；

$a_{\max}$——地震模拟振动台额定加速度有效值，单位 g；

a_0——台面噪声加速度有效值，单位 g。

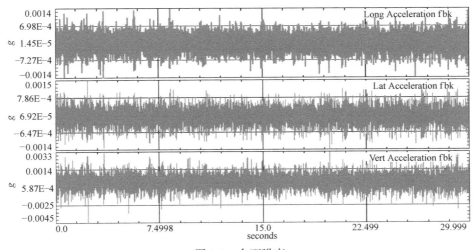

图 4-9 台面噪声

由表 4-5 可以看出，X 方向台面加速度测量值为 $0.0014g$，X 方向的加速度信噪比为 69.1dB；Y 方向台面加速度测量值为 $0.0015g$，Y 方向的加速度信噪比 68.5dB；Z 方向加速度测量值为 $0.0045g$，Z 方向的加速度信噪比为 59dB。三个方向均满足规范要求的 ≥50dB。

各方向加速度信噪比　　　　　　　　　　　　　　　　　　表 4-5

序号	方向	目标值(g)	测量值(g)	最大加速度值(g)	信噪比(dB)
1	X	0.01	0.0014	4.0	69.1
2	Y	0.01	0.0015	4.0	68.5
3	Z	0.01	0.0045	4.0	59.0

4.4　地震模拟振动台试验系统动态性能测试研究

4.4.1　最大功能曲线

最大功能曲线[146]是指地震模拟振动台的极限性能指标，及最大位移、最大速度和最大加速度值。最大加速度值又可以分别为空荷载下和满荷载下之值。在满荷载测试时，必须提供一个刚性固定于振动台台面上的惯性质量块，惯性质量块必须固定好，不然会形成弹性连接，从而影响性能测试结果。测量方法是采用固定频率正弦波驱动，在最大功能曲线上分三段进行测量。最大位移段：从最低频率到位移与速度的交越点选 2 个以上频率点，位移幅值由小到大施加，达到最大值。最大速度段：可选 2～3 个频率点进行测量，即最大位移和最大速度交越点、最大速度与最大加速度交越点，或者在速度中段取一频率点。最大加速度段：从最大速度与最大加速度交越点至最高使用频率之间选取数个频率点测取最大加速度值。

（1）最大功能曲线（空载）

地震模拟振动台在空载情况下，分别对 X、Y、Z 三个方向进行最大功能曲线测试，表 4-6～表 4-8 为三个方向最大功能曲线测量值。

1）X 方向最大位移段取 4 个频率点，最大速度段取 2 个频率点，最大加速度段取 3 个频率点，测试波形图如图 4-10 所示。

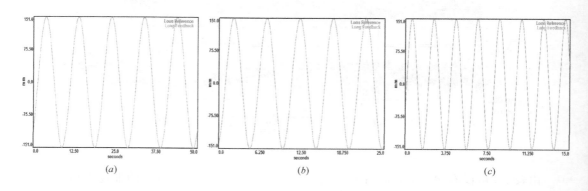

图 4-10　X 向测试波形图（空载）（一）

（a）波形图（0.1Hz，150mm）；（b）波形图（0.2Hz，150mm）；（c）波形图（0.5Hz，150mm）

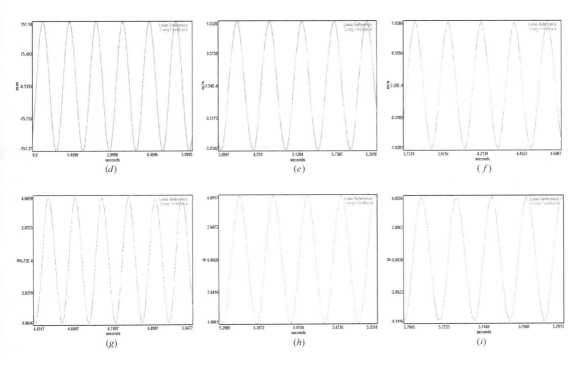

图 4-10 X向测试波形图（空载）（二）

（d）波形图（1Hz，150mm）；（e）波形图（2Hz，1.0m/s）；（f）波形图（5.0Hz，1.0m/s）；
（g）波形图（10.0Hz，4.0g）；（h）波形图（20.0Hz，4.0g）；（i）波形图（50.0Hz，4.0g）

X向最大功能曲线值（空载）　　　　　　　　　　　表 4-6

频率	参考信号			反馈信号		
（Hz）	位移(mm)	速度(m/s)	加速度(g)	位移(mm)	速度(m/s)	加速度(g)
0.1	150			151		
0.2	150			151		
0.5	150			151		
1.0	150			151		
2.0		1.0			1.03	
5.0		1.0	3.2		1.03	
10.0			4.0			4.05
20.0			4.0			4.08
50.0			4.0			4.0

表 4-6 为地震模拟振动台空载时，X向各所取频率点测试值。0.1～1.0Hz 为最大位移测试，测试值均为 151mm＞150mm（参考信号）；2.0～5.0Hz 为最大速度测试，测试值均为 1.03m/s＞1.0m/s（参考信号）；10.0～50.0Hz 为最大加速度测试，测试值分别为 4.05g、4.08g、4.0g，数值均大于 4.0g（参考信号）。根据表 4-6 所提供数据，可以绘制出 X 方向（空载）时最大功能曲线图，即如图 4-11 所示。

2）Y 方向最大位移段取 3 个频率点，最大速度段取 3 个频率点，最大加速度段取 3 个频率点，测试波形图如图 4-12 所示。

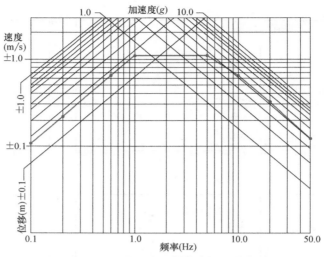

图 4-11　X 向最大功能曲线图（空载）

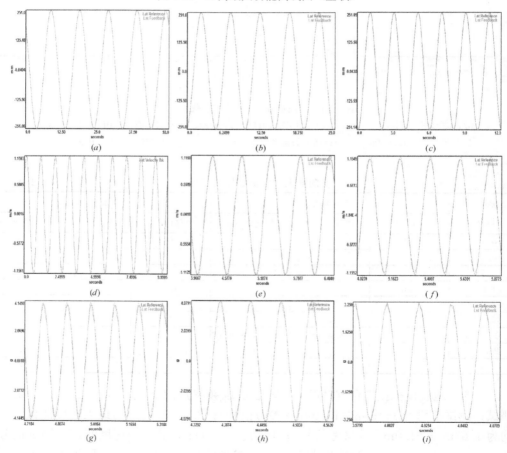

图 4-12　Y 向测试波形图（空载）

（*a*）波形图（0.1Hz，250mm）；（*b*）波形图（0.2Hz，250mm）；（*c*）波形图（0.5Hz，250mm）；

（*d*）波形图（1.0Hz，1.1m/s）；（*e*）波形图（2.0Hz，1.1m/s）；（*f*）波形图（5.0Hz，1.1m/s）；

（*g*）波形图（10.0Hz，4.0g）；（*h*）波形图（20.0Hz，4.0g）；（*i*）波形图（50.0Hz，3.1g）

Y向最大功能曲线值（空载）　　　　　　　　　　　　　表 4-7

频率 （Hz）	命令信号			反馈信号		
	位移(mm)	速度(m/s)	加速度(g)	位移(mm)	速度(m/s)	加速度(g)
0.1	250			251		
0.2	250			251		
0.5	250			251		
1.0		1.1			1.15	
2.0		1.1			1.12	
5.0		1.1			1.12	
10.0			4.0			4.1
20.0			4.0			4.0
50.0			3.1			3.15

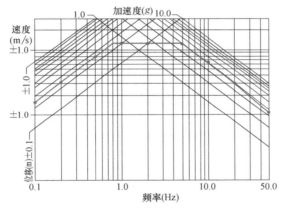

图 4-13　Y向最大功能曲线图（空载）

表 4-7 为地震模拟振动台空载时，Y向各所取频率点测试值。0.1～0.5Hz 为最大位移测试，测试值均为 251mm＞250mm（参考信号）；1.0～5.0Hz 为最大速度测试，测试值分别为 1.15m/s、1.12m/s、1.12m/s，数值均大于 1.1m/s（参考信号）；10.0～50.0Hz 为最大加速度测试，测试值分别为 4.12g＞4.0g（参考信号）、4.0g、3.15g＞3.1g（参考信号）。根据表 4-7 所提供数据，可以绘制出 Y方向（空载）时最大功能曲线图，即如图 4-13 所示。

3）Z方向最大位移段取 4 个频率点，最大速度段取 2 个频率点，最大加速度段取 3 个频率点，测试波形图如图 4-14 所示。

表 4-8 为地震模拟振动台空载时，Z向各所取频率点测试值。0.1～1.0Hz 为最大位移测试，测试值均为 101mm＞100mm（参考信号）；2.0～5.0Hz 为最大速度测试，测试值分别为 0.8m/s、0.82m/s＞0.8m/s（参考信号）；10.0～50.0Hz 为最大加速度测试，测试值均为 4.0g。根据表 4-8 所提供数据，可以绘制出 Z方向（空载）时最大功能曲线图，即如图 4-15 所示。

（2）最大功能曲线（负荷载 20t）

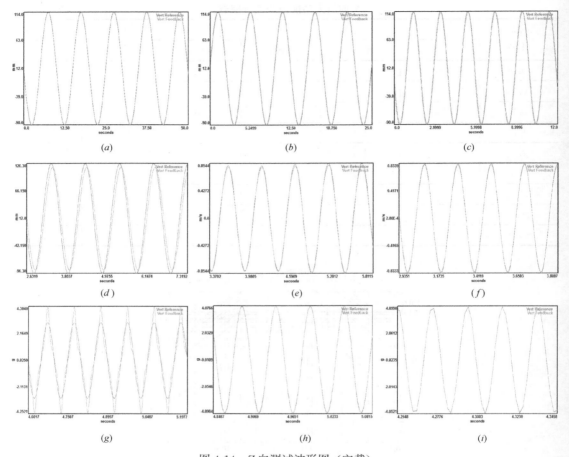

图 4-14　Z 向测试波形图（空载）

（a）波形图（0.1Hz，100mm）；（b）波形图（0.2Hz，100mm）；（c）波形图（0.5Hz，100mm）；
（d）波形图（1.0Hz，100mm）；（e）波形图（2.0Hz，0.8m/s）；（f）波形图（5.0Hz，0.8m/s）；
（g）波形图（10.0Hz，4.0g）；（h）波形图（20.0Hz，4.0g）；（i）波形图（50.0Hz，4.0g）

Z 向最大功能曲线值（空载）　　　　　　　　　　表 4-8

频率 （Hz）	参考信号			反馈信号		
	位移(mm)	速度(m/s)	加速度(g)	位移(mm)	速度(m/s)	加速度(g)
0.1	100			101		
0.2	100			101		
0.5	100			100		
1.0	100			101		
2.0		0.8			0.8	
5.0		0.8			0.82	
10.0			4.0			4.0
20.0			4.0			4.0
50.0			4.0			4.0

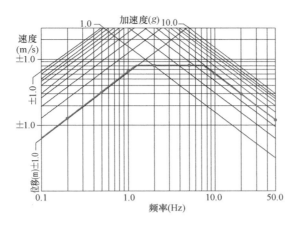

图 4-15　Z向最大功能曲线图（空载）

地震模拟振动台在负荷载 20t 情况下（图 4-16），分别对 X、Y、Z 三个方向进行最大功能曲线测试，表 4-9～表 4-11 为三个方向最大功能曲线测试值。

图 4-16　20t 测试试验图

1）X 方向最大位移段取 4 个频率点，最大速度段取 1 个频率点，最大加速度段取 5 个频率点，测试波形图如图 4-17 所示。

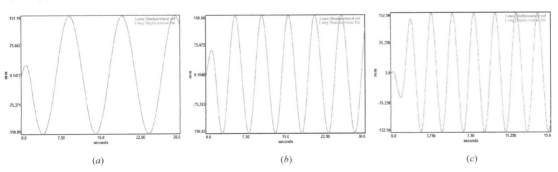

图 4-17　X向测试波形图（20t）（一）

（a）波形图（0.1Hz，150mm）；（b）波形图（0.2Hz，150mm）；（c）波形图（0.5Hz，150mm）

49

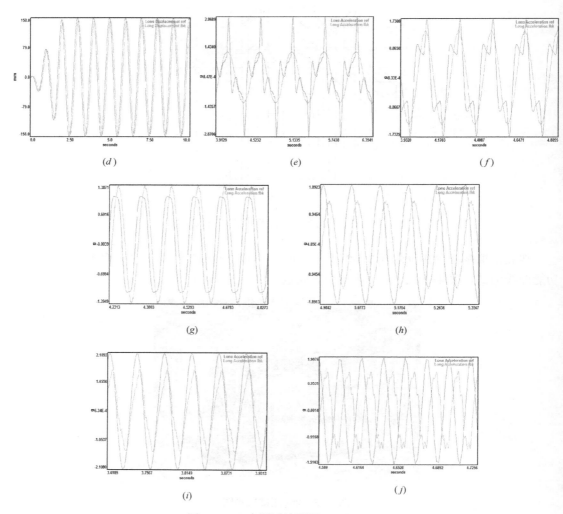

图 4-17　X 向测试波形图（20t）（二）

（d）波形图（1.0Hz，150mm）；（e）波形图（2.0Hz，1.0g）；（f）波形图（5.0Hz，1.33g）；（g）波形图（10.0Hz，1.33g）；（h）波形图（15.0Hz，1.33g）；（i）波形图（20.0Hz，1.3g）；（j）波形图（50.0Hz，1.3g）

X 向最大功能曲线值（20t）　　　　　　　　　　　　表 4-9

频率	参考信号			反馈信号		
（Hz）	位移（mm）	速度（m/s）	加速度（g）	位移（mm）	速度（m/s）	加速度（g）
0.1	150			150.89		
0.2	150			150.63		
0.5	150			151.27		
1.0	150	0.95		151.66		
2.0		1.0	1.20			1.23
5.0			1.33			1.39
10.0			1.33			1.38
15.0			1.33			1.38
20.0			1.33			1.45
50.0			1.33			1.38

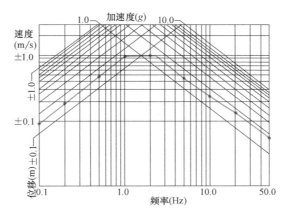

图 4-18 X 向最大功能曲线图 (20t)

表 4-9 为地震模拟振动台负荷载 20t 时，X 向各所取频率点测试值。0.1~1.0Hz 为最大位移测试，测试值分别为 150.89mm、150.63mm、151.27mm、151.66mm，数值均大于 150mm（参考信号）；2.0Hz 为最大速度测试，测试值为 $1.23g > 1.2g$（参考信号，1.0m/s）；5.0~50.0Hz 为最大加速度测试，测试值分别为 $1.23g$、$1.39g$、$1.38g$、$1.38g$、$1.45g$、$1.38g$，数值均大于 $1.33g$（参考信号）。根据表 4-9 所提供数据，可以绘制出 X 方向（负荷载 20t）时最大功能曲线图，即如图 4-18 所示。

2）Y 方向最大位移段取 3 个频率点，最大速度段取 1 个频率点，最大加速度段取 6 个频率点，测试波形图如图 4-19 所示。

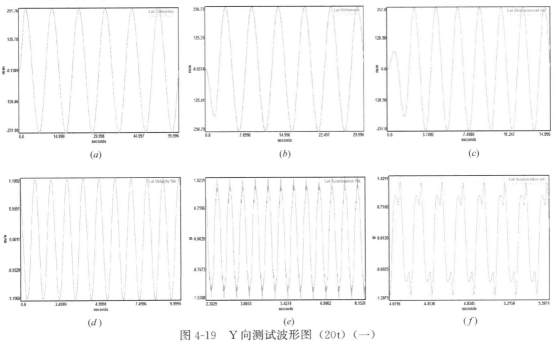

图 4-19 Y 向测试波形图 (20t)（一）

（a）波形图（0.1Hz，250mm）；（b）波形图（0.2Hz，250mm）；（c）波形图（0.5Hz，250mm）；
（d）波形图（1.0Hz，1.1m/s）；（e）波形图（2.0Hz，1.33g）；（f）波形图（5.0Hz，1.33g）

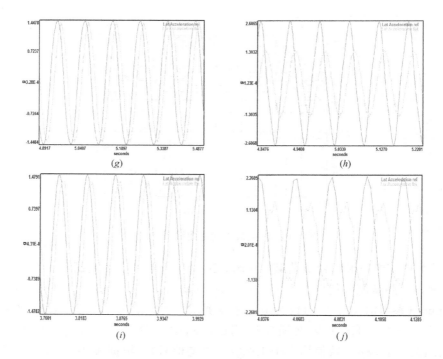

图 4-19　Y 向测试波形图（20t）（二）

（*g*）波形图（10.0Hz，1.33*g*）；（*h*）波形图（15.0Hz，1.33*g*）；

（*i*）波形图（20.0Hz，1.3*g*）；（*j*）波形图（50.0Hz，1.0*g*）

Y 向最大功能曲线值（20t）　　　　　　　　　　　　　表 4-10

频率 （Hz）	参考信号			反馈信号		
	位移（mm）	速度（m/s）	加速度（*g*）	位移（mm）	速度（m/s）	加速度（*g*）
0.1	250			251.7		
0.2	250			250.7		
0.5	250			252.8		
1.0		1.1	0.705		1.108	
2.0			1.33			1.51
5.0			1.33			1.37
10.0			1.33			1.38
15.0			1.33			1.39
20.0			1.33			1.34
50.0			1.0			1.37

　　表 4-10 为地震模拟振动台负荷载 20t 时，Y 向各所取频率点测试值。0.1～0.5Hz 为最大位移测试，测试值均为 251.7mm、250.7mm、252.8mm，数值均大于 150mm（参考信号）；1.0Hz 为最大速度测试，测试值为 1.108m/s＞1.1m/s（参考信号）；2.0～50.0Hz 为最大加速度测试，测试值分别为 1.51*g*、1.37*g*、1.38*g*、1.39*g*、1.34*g*、1.37*g*，

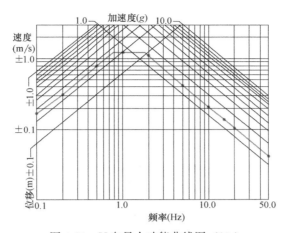

图 4-20　Y 向最大功能曲线图（20t）

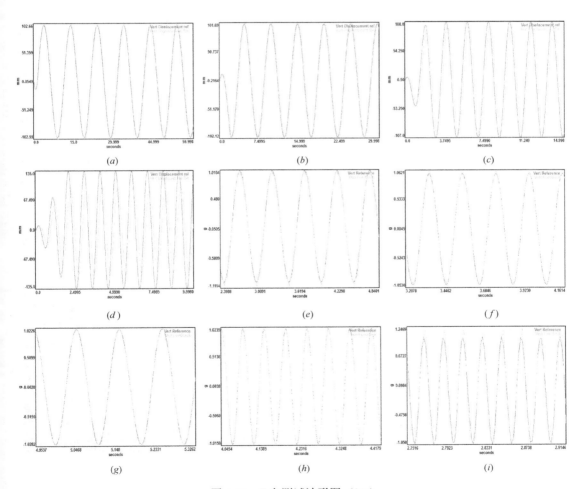

图 4-21　Z 向测试波形图（20t）

（a）波形图（0.1Hz，100mm）；（b）波形图（0.2Hz，100mm）；（c）波形图（0.5Hz，100mm）；
（d）波形图（1.0Hz，100mm）；（e）波形图（2.0Hz，1.0g）；（f）波形图（5.0Hz，1.0g）；
（g）波形图（10.0Hz，1.0g）；（h）波形图（20.0Hz，1.0g）；（i）波形图（50.0Hz，1.0g）

数值均大于 1.33g（参考信号，1.0g）。根据表 4-10 所提供数据，可以绘制出 Y 方向（负荷载 20t）时最大功能曲线图，即如图 4-20 所示。

3）Z 方向最大位移段取 4 个频率点，最大加速度段取 5 个频率点，测试波形图如图 4-21 所示。

Z 向最大功能曲线值（20t）　　　　　　　　　　　　　　　　表 4-11

频率（Hz）	参考信号			反馈信号		
	位移（mm）	速度（m/s）	加速度（g）	位移（mm）	速度（m/s）	加速度（g）
0.1	100			102.55		
0.2	100			101.69		
0.5	100			100.57		
1.0	100			100.72		
2.0			1.0			1.01
5.0			1.0			1.028
10.0			1.0			1.014
20.0			1.0			1.012
50.0			1.0			1.008

表 4-11 为地震模拟振动台负荷载 20t 时，Z 向各所取频率点测试值。0.1～1.0Hz 为最大位移测试，测试值分别为 102.55mm、101.69mm、100.57mm、100.72mm，数值均大于 100mm（参考信号）；2.0～50Hz 为最大加速度测试，测试值分别为 1.01g、1.028g、1.014g、1.012g、1.008g，数值均大于 1.0g（参考信号）。根据表 4-11 所提供数据，可以绘制出 Z 方向（负荷载 20t）时最大功能曲线图，即如图 4-22 所示。

（3）最大功能曲线（负荷载 30t）

地震模拟振动台在负载 30t 情况下（图 4-23），分别对 X、Y、Z 三个方向进行最大功能曲线测试，表 4-12～表 4-14 为三个方向最大功能曲线测量值。

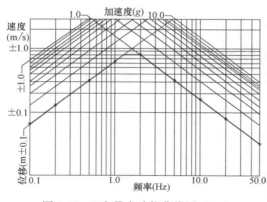

图 4-22　Z 向最大功能曲线图（20t）

图 4-23　30t 测试试验图

1）X 方向最大位移段取 3 个频率点，最大速度段取 1 个频率点，最大加速度段取 5 个频率点，测试波形图如图 4-24 所示。

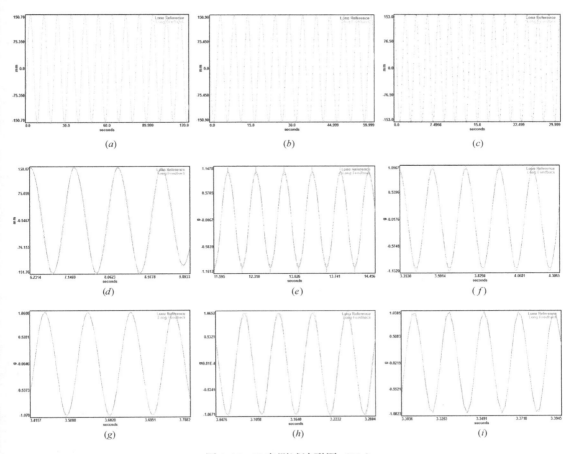

图 4-24　X 向测试波形图 （30t）

（a）波形图 （0.1Hz，150mm）；（b）波形图 （0.2Hz，150mm）；（c）波形图 （0.5Hz，150mm）；
（d）波形图 （1.0Hz，150mm）；（e）波形图 （2.0Hz，1.0g）；（f）波形图 （5.0Hz，1.0g）；
（g）波形图 （10.0Hz，1.0g）；（h）波形图 （20.0Hz，1.0g）；（i）波形图 （50.0Hz，1.0g）

X 向最大功能曲线值 （30t）　　　　　　　　　　　　　　　　　　表 4-12

频率 （Hz）	参考信号			反馈信号		
	位移(mm)	速度(m/s)	加速度(g)	位移(mm)	速度(m/s)	加速度(g)
0.1	150			150.2		
0.2	150			150.1		
0.5	150			151.0		
1.0	150	1.0		150.6		
2.0			1.0			1.10
5.0			1.0			1.02
10.0			1.0			1.03
20.0			1.0			1.05
50.0			1.0			1.02

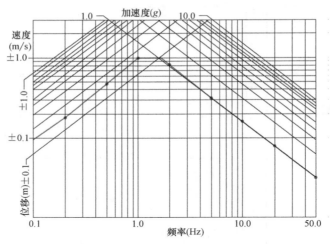

图 4-25　X 向最大功能曲线图（30t）

表 4-12 为地震模拟振动台负荷载 30t 时，X 向各所取频率点测试值。0.1～0.5Hz 为最大位移测试，测试值分别为 150.2mm、150.1mm、151.0mm、150.6mm，数值均大于150mm（参考信号）；1.0Hz 为最大速度测试，测试值 150.6mm＞150mm（参考信号，1.0m/s）；2.0～50.0Hz 为最大加速度测试，测试值分别为 1.10g、1.02g、1.03g、1.05g、1.02g，数值均大于 1.0g（参考信号）。根据表 4-12 所提供数据，可以绘制出 X 方向（30t）时最大功能曲线图，即如图 4-25 所示。

2）Y 方向最大位移段取 3 个频率点，最大速度段取 1 个频率点，最大加速度段取 5个频率点，测试波形图如图 4-26 所示。

Y 向最大功能曲线值（30t）　　　　　　　　　　　　　　　　　表 4-13

频率 （Hz）	参考信号			反馈信号		
	位移（mm）	速度（m/s）	加速度（g）	位移（mm）	速度（m/s）	加速度（g）
0.1	250			250.9		
0.2	250			251.0		
0.5	250			250.5		
1.0		1.1	0.7			0.75
2.0			1.0			1.05
5.0			1.0			1.05
10.0			1.0			1.02
20.0			1.0			1.05
50.0			0.85			0.88

表 4-13 为地震模拟振动台负荷载 30t 时，Y 向各所取频率点测试值。0.1～0.5Hz 为最大位移测试，测试值分别为 250.9mm、210.0mm、250.5mm，数值均大于 150mm（参考信号）；1.0Hz 为最大速度测试，测试值 0.75g＞0.7g（参考信号，1.1m/s）；2.0～50.0Hz 为最大加速度测试，测试值分别为 1.05g、1.05g、1.02g、1.05g，数值均大于 1.0g（参考信号），0.88g＞0.85g（参考信号）。根据表 4-13 所提供数据，可以绘制出 Y 方向（30t）时最

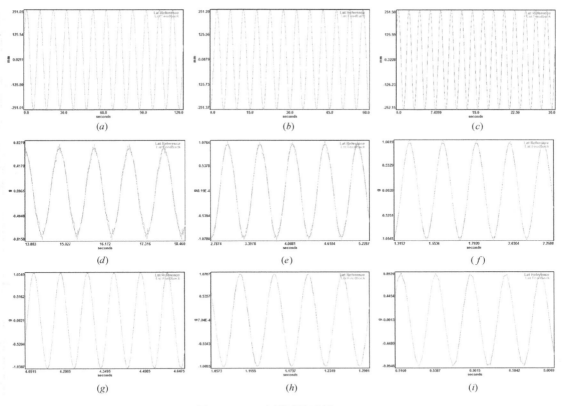

图 4-26 Y 向测试波形图（30t）

（*a*）波形图（0.1Hz，250mm）；（*b*）波形图（0.2Hz，250mm）；（*c*）波形图（0.5Hz，250mm）；
（*d*）波形图（1.0Hz，0.7mm）；（*e*）波形图（2.0Hz，1.0*g*）；（*f*）波形图（5.0Hz，1.0*g*）；
（*g*）波形图（10.0Hz，1.0*g*）；（*h*）波形图（20.0Hz，1.0*g*）；（*i*）波形图（50.0Hz，0.85*g*）

大功能曲线图，即如图 4-27 所示。

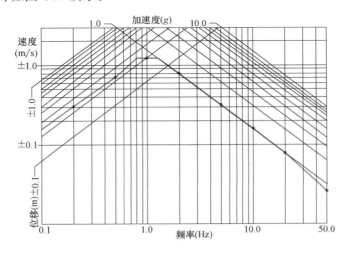

图 4-27 Y 向最大功能曲线图（30t）

3）Z 方向最大位移段取 4 个频率点，最大加速度段取 5 个频率点。

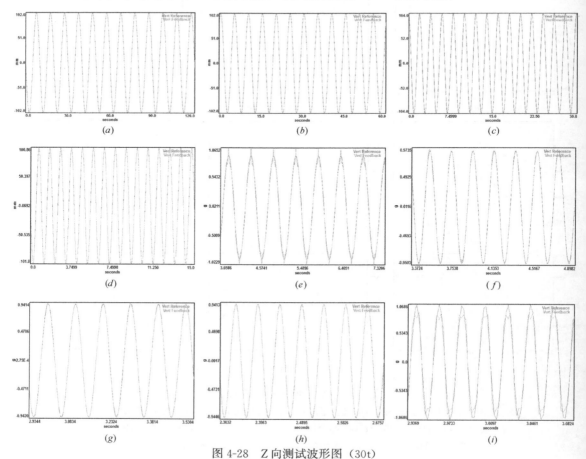

图 4-28　Z 向测试波形图（30t）

（a）波形图（0.1Hz，100mm）；（b）波形图（0.2Hz，100mm）；（c）波形图（0.5Hz，100mm）；
（d）波形图（1.0Hz，100mm）；（e）波形图（2.0Hz，0.9g）；（f）波形图（5.0Hz，0.9g）；
（g）波形图（10.0Hz，0.9g）；（h）波形图（20.0Hz，0.9g）；（i）波形图（50.0Hz，0.9g）

Z 向最大功能曲线值（30t）　　　　　　　　　　　　　　　表 4-14

频率 (Hz)	参考信号			反馈信号		
	位移(mm)	速度(m/s)	加速度(g)	位移(mm)	速度(m/s)	加速度(g)
0.1	100			101.0		
0.2	100			101.0		
0.5	100			101.0		
1.0	100			100.5		
2.0			0.9			0.95
5.0			0.9			0.95
10.0			0.9			0.92
20.0			0.9			0.91
50.0			0.9			0.92

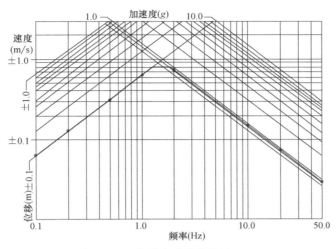

图 4-29　Y 向最大功能曲线图（30t）

表 4-14 为地震模拟振动台负荷载 30t 时，Z 向各所取频率点测试值。0.1～1.0Hz 为最大位移测试，测试值分别为 101.0mm、101.0mm、101.0mm、100.5mm，数值均大于 100mm（参考信号）；2.0～50.0Hz 为最大加速度测试，测试值分别为 0.95g、0.95g、0.92g、0.91g、0.92g，数值均大于 0.9g（参考信号）。根据表 4-14 所提供数据，可以绘制出 Z 方向（30t）时最大功能曲线图，即如图 4-29 所示。

综上可知，地震模拟振动台（空载）最大功能指标为：X 方向最大位移为 151mm、最大速度为 1.03m/s、最大加速度为 4.08g；Y 方向最大位移为 251mm、最大速度为 1.15m/s、最大加速度为 4.1g；Z 方向最大位移为 101mm、最大速度为 0.82m/s、最大加速度为 4.0g。

地震模拟振动台（负荷载 20t）最大功能指标为：X 方向最大位移为 151.66mm、最大速度为 1.0m/s、最大加速度为 1.45g；Y 方向最大位移为 252.8mm、最大速度为 1.108m/s、最大加速度为 1.39g；Z 方向最大位移为 102.55mm、最大速度为 0.8m/s、最大加速度为 1.028g。

地震模拟振动台（负荷载 30t）最大功能指标为：X 方向最大位移为 151mm、最大速度为 1.0m/s、最大加速度为 1.05g；Y 方向最大位移为 251mm、最大速度为 1.1m/s、最大加速度为 1.05g；Z 方向最大位移为 101mm、最大速度为 0.8m/s、最大加速度为 0.95g。

4.4.2　台面加速度不均匀度

（1）主振方向

主振方向台面加速度不均匀度测试通常是在空载条件下，在 2Hz 以上的速度和加速度频段内，以满荷额定加速度的 50％能级，以正弦波激励，选取 4 个以上频率点来读数，参考点为台面中心加速度反馈值，考虑到波形失真度的影响，通常取其有效值来计算，一般要求主振方向台面加速度不均度为：5％（3.0～10.0Hz）、10％（30～50.0Hz）。测试时间不少于 60s，不包括斜坡上升或下降，若存在 50Hz 显著噪声，测试可以在 49Hz（或

51Hz）进行。

1）X方向不均匀度

X方向台面测试加速度波形如图4-30～图4-33所示。台面不均匀度见表4-15。

X向加速度不均匀度　　　　表 **4-15**

方向	频率(Hz)	加速度(g)	不均匀度(%)		
X	3	1.5	0.3	2.3	2.5
	10	1.5	2.5	1.7	2.6
	30	1.5	1.2	0.7	0.9
	49/50	1.5	0.7	1.3	3.0

表4-15为X方向主振方向台面加速度不均匀测试值。3.0Hz时最大不均匀度为2.5%，10Hz时最大不均匀度为2.6%，30Hz时最大不均匀度为1.5%，49（50）Hz时最大不均匀度为3.0%，测试数值均在5%内，表明了X方向台面加速度反馈精度较高，性能良好。

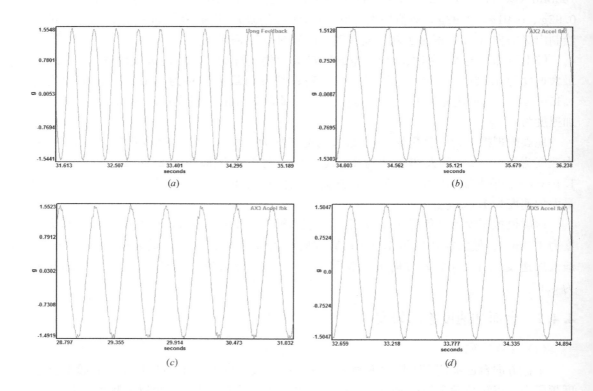

图4-30　X方向加速度波形图（3Hz，1.5g）

（a）中心点加速度波形图；（b）X2点加速度波形图；

（c）X3点加速度波形图；（d）X5点加速度波形图

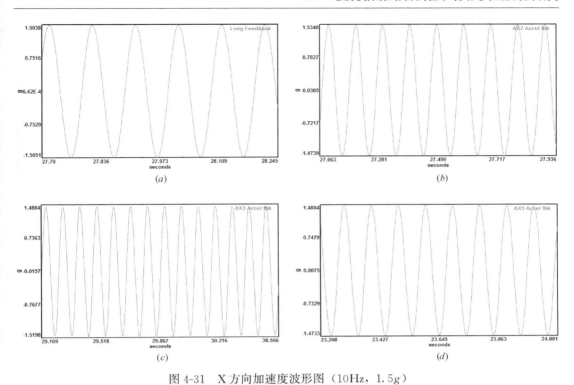

图 4-31　X 方向加速度波形图（10Hz，1.5g）

（a）中心点加速度波形图；（b）X2 点加速度波形图；（c）X3 点加速度波形图；（d）X5 点加速度波形图

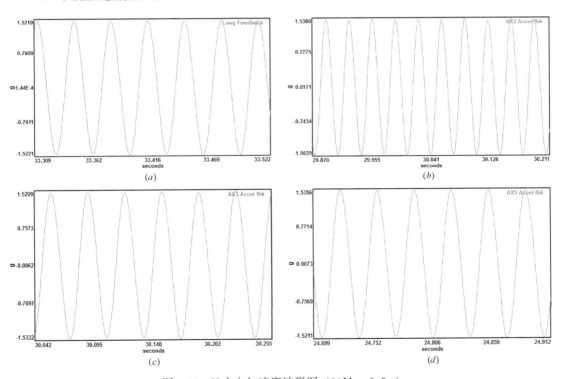

图 4-32　X 方向加速度波形图（30Hz，1.5g）

（a）中心点加速度波形图；（b）X2 点加速度波形图；（c）X3 点加速度波形图；（d）X5 点加速度波形图

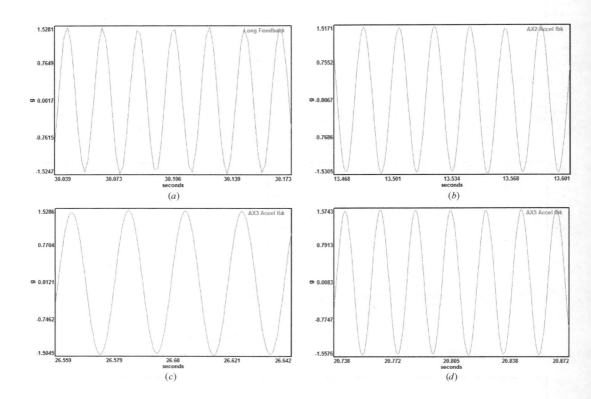

图 4-33　X 方向加速度波形图（49Hz，1.5g）

（a）中心点加速度波形图；（b）X2 点加速度波形图；（c）X3 点加速度波形图；（d）X5 点加速度波形图

2）Y 方向不均匀度

Y 方向台面测试加速度波形如图 4-34～图 4-37 所示。台面不均匀度见表 4-16。

Y 向加速度不均匀度　　　　　　　　　　　　　　　表 4-16

方向	频率（Hz）	加速度（g）	不均匀度（%）		
Y	3	1.5	1.5	2.6	2.3
	10	1.5	2.3	0.9	0.7
	30	1.5	2.0	1.7	1.1
	49/50	1.5	1.2	0.7	2.6

表 4-16 为 Y 方向主振方向台面加速度不均匀测试值。3.0Hz 时最大不均匀度为 2.6%，10Hz 时最大不均匀度为 2.3%，30Hz 时最大不均匀度为 2.0%，49（50）Hz 时最大不均匀度为 2.6%，测试数值均在 5% 内，表明了 Y 方向台面加速度反馈精度较高，性能良好。

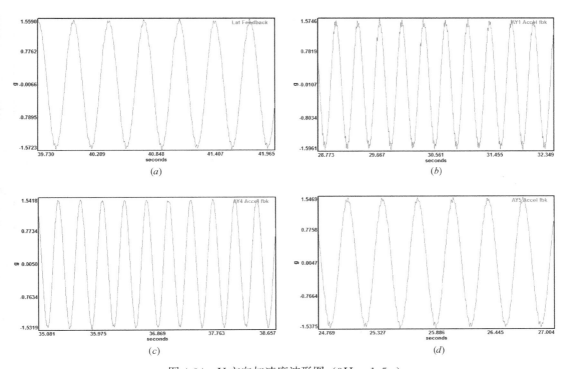

图 4-34　Y 方向加速度波形图（3Hz，1.5g）

（a）中心点加速度波形图；（b）Y1 点加速度波形图；（c）Y4 点加速度波形图；（d）Y5 点加速度波形图

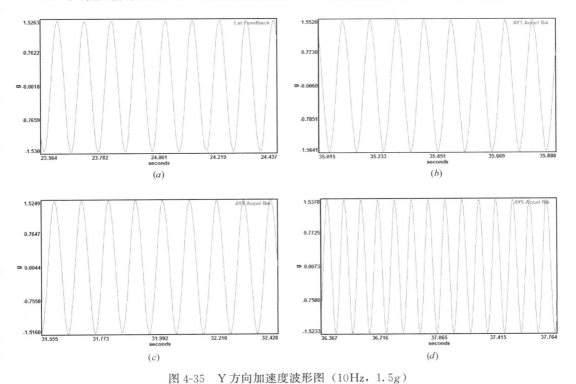

图 4-35　Y 方向加速度波形图（10Hz，1.5g）

（a）中心点加速度波形图；（b）Y1 点加速度波形图；（c）Y4 点加速度波形图；（d）Y5 点加速度波形图

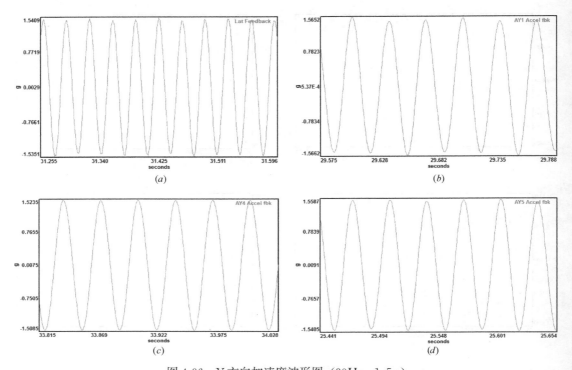

图 4-36　Y 方向加速度波形图（30Hz，1.5g）

（a）中心点加速度波形图；（b）Y1 点加速度波形图；（c）Y4 点加速度波形图；（d）Y5 点加速度波形图

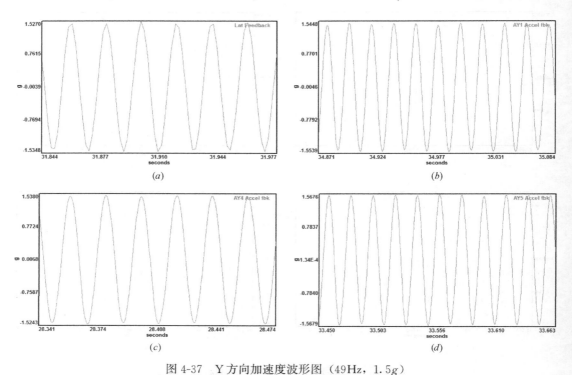

图 4-37　Y 方向加速度波形图（49Hz，1.5g）

（a）中心点加速度波形图；（b）Y1 点加速度波形图；（c）Y4 点加速度波形图；（d）Y5 点加速度波形图

（3）Z方向不均匀度

Z方向台面测试加速度波形如图4-38～图4-41所示。台面不均匀度见表4-17。

Z向加速度不均匀度   表 4-17

方向	频率（Hz）	加速度（g）	不均匀度（%）				
Z	3	1.5	3.3	5.1	4.9	2.6	1.7
	10	1.5	1.6	5.5	4.5	2.9	1.0
	30	1.5	8.5	1.0	2.2	8.5	5.2
	49/50	1.5	5.4	6.3	2.9	3.8	13.1

表4-17为Z方向主振方向台面加速度不均匀测试值。3.0Hz时最大不均匀度为5.1%＞5%，10Hz时最大不均匀度为5.5%＞5%，30Hz时最大不均匀度为8.5%＜10%，49（50）Hz时最大不均匀度为13.1%＞10%。从上述测试结果可以看出，Z向的台面加速度不均匀度均大于标准要求，由于静态支撑及台面自身重量等因素的影响，相比X、Y两个方向，在控制精度上相对更难一些，也这是造成不均度值较大的原因之一。

（2）正交方向

正交方向[147]主要是指主振方向为水平时，非主振方向包括垂直方向和另一个水平方向，主振方向为垂直向时，非主振方向为两个水平方向向。正交方向台面加速度不均度测试通常是在空载条件下，在2Hz以上的速度和加速度频段内，以满荷额定加速度的50%能级，以正弦波激励，选取4个以上频率点来读数，参考点为台面中心主振方向加速度反馈值，考虑到波形失真度的影响，通常取其有效值来计算，一般要求主振方向台面加速度不均度为：3%（3.0～10.0Hz）、8%（30～50.0Hz）。测试时间不少于60s，不包括斜坡上升或下降，若存在有50Hz显著噪声，测试可以在49Hz（或51Hz）进行。

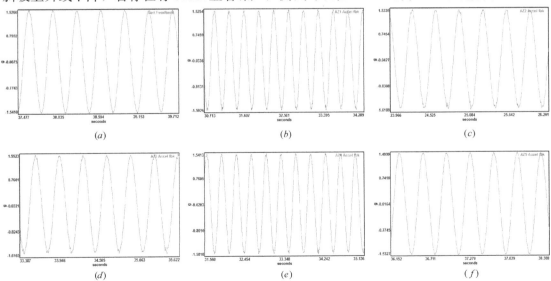

图 4-38 Z方向加速度波形图（3Hz，1.5g）

（a）中心点加速度波形图；（b）Z1点加速度波形图；（c）Z2点加速度波形图；

（d）Z3点加速度波形图；（e）Z4点加速度波形图；（f）Z5点加速度波形图

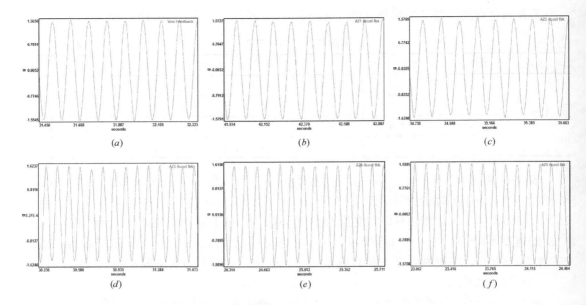

图 4-39　Z 方向加速度波形图（10Hz，1.5g）

（a）中心点加速度波形图；（b）Z1 点加速度波形图；（c）Z2 点加速度波形图；

（d）Z3 点加速度波形图；（e）Z4 点加速度波形图；（f）Z5 点加速度波形图

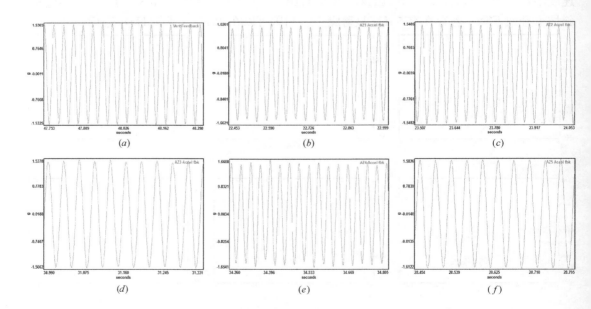

图 4-40　Z 方向加速度波形图（30Hz，1.5g）

（a）中心点加速度波形图；（b）Z1 点加速度波形图；（c）Z2 点加速度波形图；

（d）Z3 点加速度波形图；（e）Z4 点加速度波形图；（f）Z5 点加速度波形图

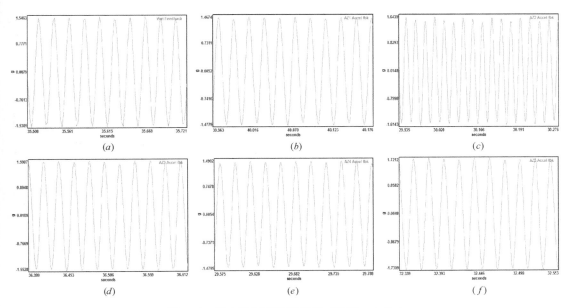

图 4-41　Z 方向加速度波形图（49Hz，1.5g）

（a）中心点加速度波形图；（b）Z1 点加速度波形图；（c）Z2 点加速度波形图；

（d）Z3 点加速度波形图；（e）Z4 点加速度波形图；（f）Z5 点加速度波形图

1）X 方向不均匀度

X 方向台面测试加速度波形如图 4-42～图 4-45 所示。台面不均匀度表 4-18。

正交方向加速度不均匀度（X 向）　　　　　　　　　　　表 4-18

方向	频率(Hz)	加速度(g)	Y 向不均匀度(%)	Z 向不均匀度(%)
X	3	1.5	1.9	1.5
	10	1.5	2.2	2.7
	30	1.5	2.3	2.6
	49/50	1.5	2.3	2.1

表 4-18 为正交方向加速度不均匀度（X 向）测试值。3.0Hz 时 Y 向不均匀度为 1.9%，Z 向不均匀度为 1.5%；10.0Hz 时 Y 向不均匀度为 2.2%，Z 向不均匀度为

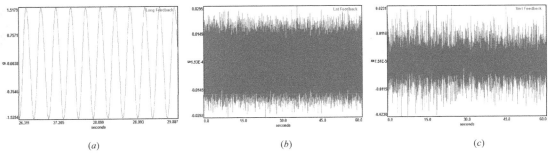

图 4-42　加速度波形图（3.0Hz，1.5g）

（a）X 向加速度波形图；（b）Y 向加速度波形图；（c）Z 向加速度波形图

2.7%；30.0Hz 时 Y 向不均匀度为 2.3%，Z 向不均匀度为 2.6%；49（50）Hz 时 Y 向不均匀度为 2.3%，Z 向不均匀度为 2.1%，测试数值均在 3% 内，表明了正交方向加速度反馈精度较高，性能良好。

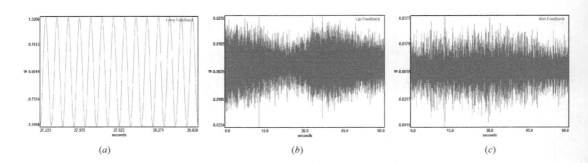

图 4-43　加速度波形图（10.0Hz，1.5g）

（a）X 向加速度波形图；（b）Y 向加速度波形图；（c）Z 向加速度波形图

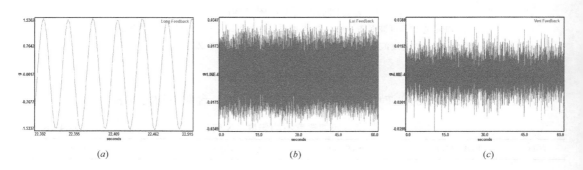

图 4-44　加速度波形图（30.0Hz，1.5g）

（a）X 向加速度波形图；（b）Y 向加速度波形图；（c）Z 向加速度波形图

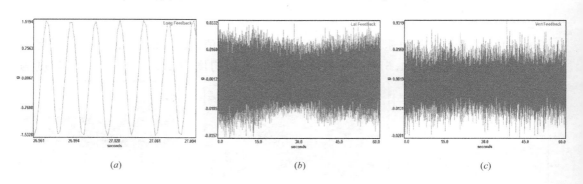

图 4-45　加速度波形图（49.0Hz，1.5g）

（a）X 向加速度波形图；（b）Y 向加速度波形图；（c）Z 向加速度波形图

2）Y 方向不均匀度

Y 方向台面测试加速度波形如图 4-46～图 4-49 所示。台面不均匀度表 4-19。

方向	频率(Hz)	加速度(g)	X向不均匀度(%)	Z向不均匀度(%)
		正交方向加速度不均匀度（Y向）		表 4-19
Y	3	1.5	1.4	1.6
	10	1.5	0.8	1.5
	30	1.5	1.1	2.0
	49/50	1.5	1.2	1.5

表4-19为正交方向加速度不均匀度（Y向）测试值。3.0Hz时X向不均匀度为1.4%，Z向不均匀度为1.6%；10.0Hz时X向不均匀度为0.8%，Z向不均匀度为1.5%；30.0Hz时X向不均匀度为1.1%，Z向不均匀度为2.0%；49（50）Hz时X向不均匀度为1.2%，Z向不均匀度为1.5%，测试数值均在3%内，表明了正交方向加速度反馈精度较高，性能良好。

3）Z方向不均匀度

X方向台面测试加速度波形如图4-50～图4-53所示。台面不均匀度见表4-20。

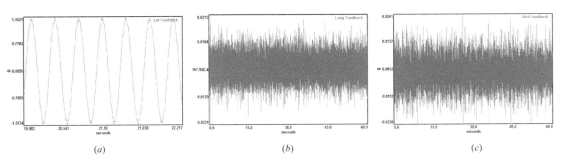

(a) (b) (c)

图 4-46　正交方向加速度波形图（3.0Hz，1.5g）

（a）Y向加速度波形图；（b）X向加速度波形图；（c）Z向加速度波形图

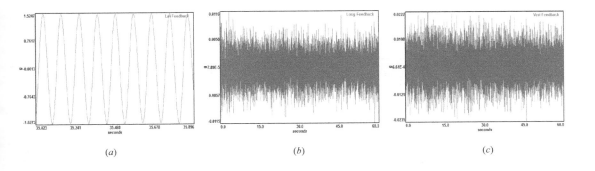

(a) (b) (c)

图 4-47　正交方向加速度波形图（10.0Hz，1.5g）

（a）Y向加速度波形图；（b）X向加速度波形图；（c）Z向加速度波形图

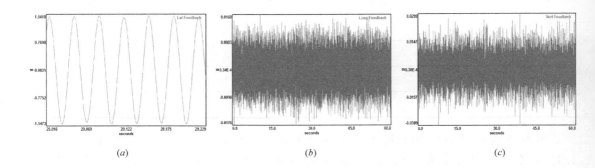

图 4-48　正交方向加速度波形图（30.0Hz，1.5g）

（a）Y 向加速度波形图；（b）X 向加速度波形图；（c）Z 向加速度波形图

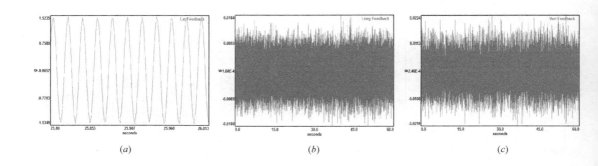

图 4-49　正交方向加速度波形图（49.0Hz，1.5g）

（a）Y 向加速度波形图；（b）X 向加速度波形图；（c）Z 向加速度波形图

		正交方向加速度不均匀度（Z 向）		表 4-20
方向	频率(Hz)	加速度(g)	X 向不均匀度(%)	Y 向不均匀度(%)
Z	3	1.5	2.0	2.4
	10	1.5	2.6	2.9
	30	1.5	2.0	3.0
	49/50	1.5	1.3	2.9

　　表 4-20 为正交方向加速度不均匀度（Z 向）测试值。3.0Hz 时 X 向不均匀度为 2.0%，Y 向不均匀度为 2.4%；10.0Hz 时 X 向不均匀度为 2.6%，Y 向不均匀度为 2.9%；测试数值均在 3% 内。30.0Hz 时 X 向不均匀度为 2.0%，Y 向不均匀度为 3.0%；49（50）Hz 时 X 向不均匀度为 1.3%，Y 向不均匀度为 2.9%，测试数值均在 8% 内，表明了正交方向加速度反馈精度较高，性能良好。

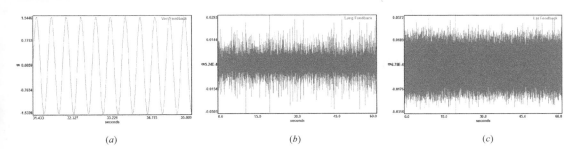

图 4-50　正交方向加速度波形图（3.0Hz，1.5g）

（a）Z 向加速度波形图；（b）X 向加速度波形图；（c）Y 向加速度波形图

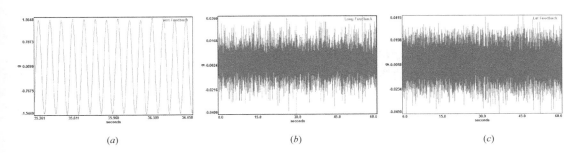

图 4-51　正交方向加速度波形图（10.0Hz，1.5g）

（a）Z 向加速度波形图；（b）X 向加速度波形图；（c）Y 向加速度波形图

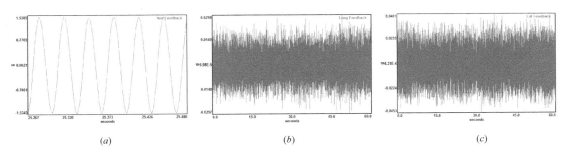

图 4-52　正交方向加速度波形图（30.0Hz，1.5g）

（a）Z 向加速度波形图；（b）X 向加速度波形图；（c）Y 向加速度波形图

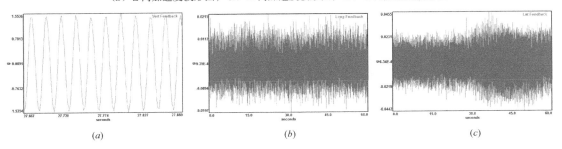

图 4-53　正交方向加速度波形图（49.0Hz，1.5g）

（a）Z 向加速度波形图；（b）X 向加速度波形图；（c）Y 向加速度波形图

4.4.3　波形失真度

地震模拟振动台系统中由于各个连接件的刚度不足引起的变形、台面局部振动台引起的高次谐波、伺服阀的非线性、试件的非线性、试件与台面的共同作用等因素造成了波形失真。波形失真可以用失真度来表示，目前对失真度没有一个统一的要求标准。波形失真度包括位移波形失真和加速度波形失真，计算公式如下：

$$\delta = \frac{\sqrt{\sum\limits_{i=2}^{n} A_i^2}}{A_1} \times 100\% \tag{4-2}$$

式中　A_1——基波峰值；

　　　A_i——二次以上谐波峰值。

（1）位移波形失真度

位移波形失真度在最大功能的位移段进行测试，可以空荷载也可以有惯性刚性荷载，以 50%～80% 的最大位移的能级进行正弦振动，选取不少于 5 个频率点进行，测试时间应保证为 5min。一般要求位移波形失真度为：1%（0.1～3.0Hz）。

1）X 方向位移波形失真度

X 方向位移波形和频谱图如图 4-54 所示。位移波形失真度见表 4-21。

X 向位移波形失真度值　　　　　　　　　　　　　　　　　　表 4-21

方向	频率（Hz）	位移（mm）	失真度（%）
	0.1	120	0.09
	0.2	120	0.09
X	0.5	120	0.1
	1.0	120	0.68
	3.0	50	0.18

表 4-21 为 X 向位移波形失真度值。在位移为 120mm，频率为 0.1Hz、0.2Hz、0.5Hz、1.0Hz 情况下，波形失真度分别为 0.09%、0.09%、0.1%、0.68%，测试值均远远小于 1%；在位移 50mm，频率为 3.0Hz 时，波形失真度为 0.18%＜1%。由上可知，位移控制下的 X 向波形失真较小，控制精度高。

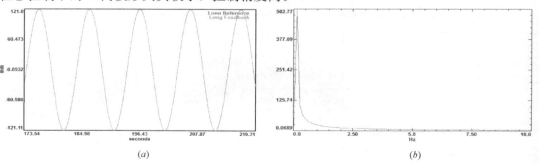

(a)　　　　　　　　　　　　　　　　　　(b)

图 4-54　X 向位移波形和频谱图（一）

(a) 位移波形图（0.1Hz，120mm）；(b) 反馈信号频谱图（0.1Hz，120mm）

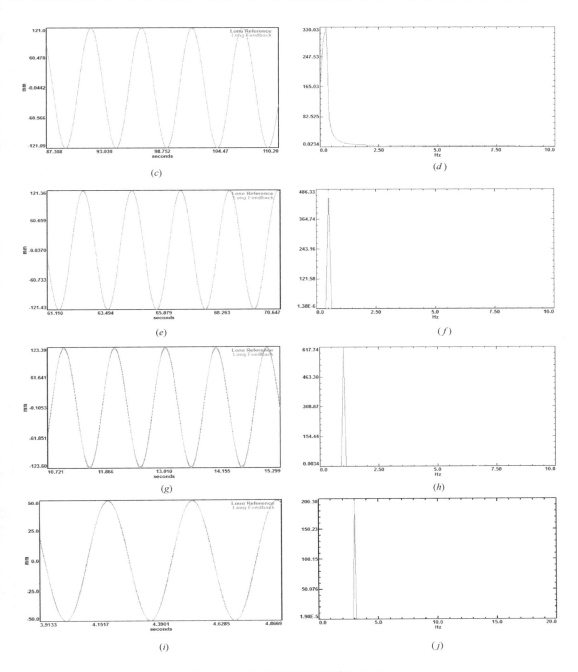

图 4-54　X 向位移波形和频谱图（二）

（*c*）位移波形图（0.2Hz，120mm）；（*d*）反馈信号频谱图（0.2Hz，120mm）；（*e*）位移波形图（0.5Hz，120mm）；
（*f*）反馈信号频谱图（0.5Hz，120mm）；（*g*）位移波形图（1.0Hz，120mm）；（*h*）反馈信号频谱图
（1.0Hz，120mm）；（*i*）位移波形图（3.0Hz，50mm）；（*j*）反馈信号频谱图（3.0Hz，50mm）

2）Y 方向位移波形失真度。

Y 方向位移波形和频谱图如图 4-55 所示。位移波形失真度见表 4-22。

Y 向位移波形失真度值　　表 **4-22**

方向	频率(Hz)	位移(mm)	失真度(%)
Y	0.1	200	0.09
	0.2	200	0.1
	0.5	200	0.2
	1.0	175	0.29
	3.0	50	0.07

表 4-22 为 Y 向位移波形失真度值。在位移为 200mm，频率为 0.1Hz、0.2Hz、0.5Hz、情况下，测得波形失真度分别为 0.09%、0.1%、0.2%，测试值均远远小于 1%；在位移 175mm，1.0Hz 时，波形失真度为 0.29%＜1%；在位移 50mm，频率为 3.0Hz 时，波形失真度为 0.07%＜1%。由上可知，位移控制下的 Y 向波形失真也较小，控制精度高。

3）Z 方向位移波形失真度。

Z 方向位移波形和频谱图如图 4-56 所示。位移波形失真度见表 4-23。

Z 向位移波形失真度值　　表 **4-23**

方向	频率(Hz)	位移(mm)	失真度(%)
Z	0.1	80	0.24
	0.2	80	0.23
	0.5	80	0.19
	1.0	80	0.73
	3.0	40	0.18

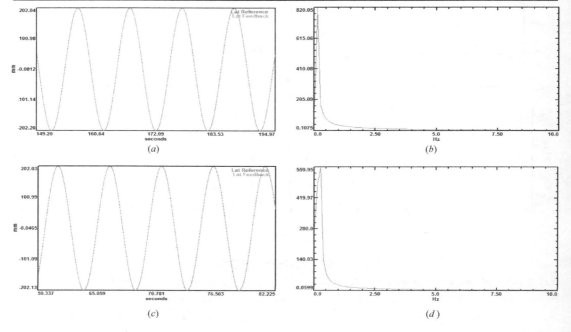

(a)　　　　　　　　　　　(b)

(c)　　　　　　　　　　　(d)

图 4-55　Y 向位移波形和频谱图（一）

（a）位移波形图（0.1Hz，200mm）；（b）反馈信号频谱图（0.1Hz，200mm）；

（c）位移波形图（0.2Hz，200mm）；（d）反馈信号频谱图（0.2Hz，200mm）

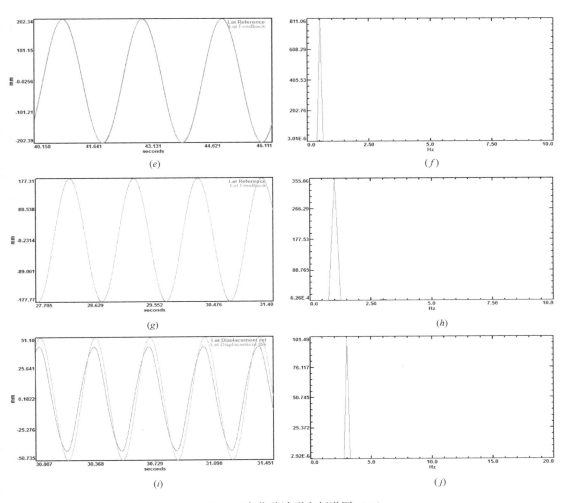

图 4-55　Y 向位移波形和频谱图（二）

（e）位移波形图（0.5Hz，200mm）；（f）反馈信号频谱图（0.5Hz，200mm）；（g）位移波形图（1.0Hz，175mm）；

（h）反馈信号频谱图（1.0Hz，175mm）；（i）位移波形图（3.0Hz，50mm）；

（j）反馈信号频谱图（3.0Hz，50mm）

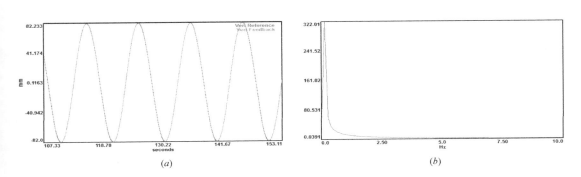

图 4-56　Z 向位移波形和频谱图（一）

（a）位移波形图（0.1Hz，80mm）；（b）反馈信号频谱图（0.1Hz，80mm）

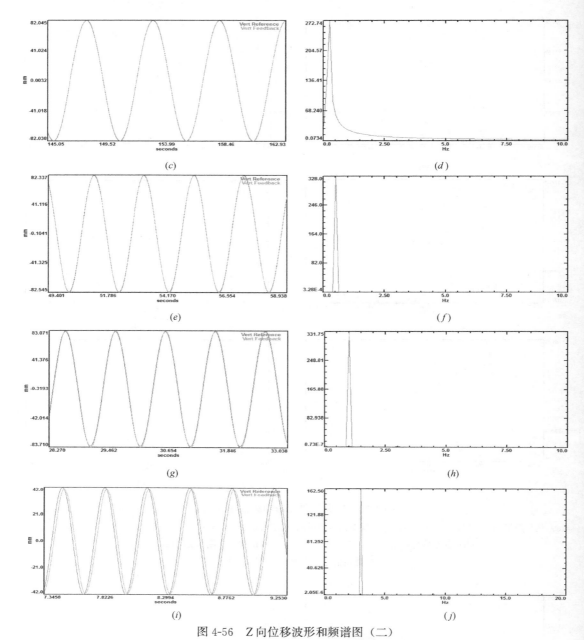

图 4-56　Z 向位移波形和频谱图 （二）

（c） 位移波形图 （0.2Hz，80mm）；（d） 反馈信号频谱图 （0.2Hz，80mm）；

（e） 位移波形图 （0.5Hz，80mm）；（f） 反馈信号频谱图 （0.5Hz，80mm）；（g） 位移波形图 （1.0Hz，80mm）；

（h） 反馈信号频谱图 （1.0Hz，80mm）；（i） 位移波形图 （3.0Hz，40mm）；

（j） 反馈信号频谱图 （3.0Hz，40mm）

　　表 4-23 为 Z 向位移波形失真度值。在位移为 80mm，频率为 0.1Hz、0.2Hz、0.5Hz、1.0Hz 情况下，测得波形失真度分别为 0.24%、0.23%、0.19%、0.73%，测试值均远远小于 1%；在位移 40mm，频率为 3.0Hz 时，波形失真度为 0.18%＜1%。由上可知，位移控制下的 Z 向波形失真较小，控制精度高。

（2）加速度波形失真度

加速度波形失真度在最大功能的速度段和加速度段进行测试，通常在有惯性连接的荷载下进行（30t 荷载下），加速度能级以满载 20%～80% 的最大加速度能级下进行正弦振动，选取不少于 6 个频率点进行。一般要求位移波形失真度为：5%（1.0～40.0Hz）、10%（40.0～50.0Hz）。

1）X 方向加速度波形失真度。

X 方向加速度波形如图 4-57 所示。加速度波形失真度见表 4-24。

X 向加速度波形失真度值　　　　　　　　　　表 4-24

方向	频率（Hz）	加速度（g）	失真度（%）
X	1.0	0.5	1.6
	2.0	0.5	0.9
	5.0	0.5	0.4
	10	0.5	0.51
	20	0.5	1.1
	49/50	0.5	2.4

表 4-24 为 X 向加速度波形失真度值。在加速度为 $0.5g$，频率为 1.0Hz、2.0Hz、5.0Hz、10Hz、20Hz 情况下，测得波形失真度分别为 1.6%、0.9%、0.4%、0.51%、1.1%，测试值远远均小于 5%；在加速度为 $0.5g$，频率为 49（50）Hz 时，波形失真度为 2.4%＜10%。由上可知，加速度控制下的 X 向波形失真较小，控制精度高。

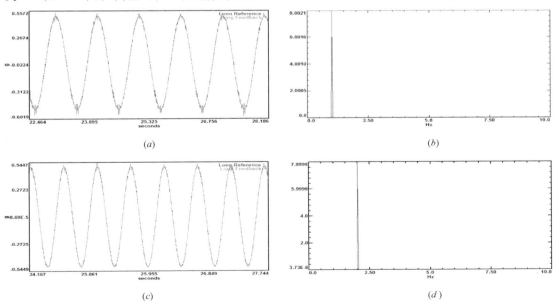

图 4-57　X 向加速度波形和频谱图（一）

（*a*）加速度波形图（1.0Hz，0.5g）；（*b*）反馈信号频谱图（1.0Hz，0.5g）；

（*c*）加速度波形图（2.0Hz，0.5g）；（*d*）反馈信号频谱图（2.0Hz，0.5g）

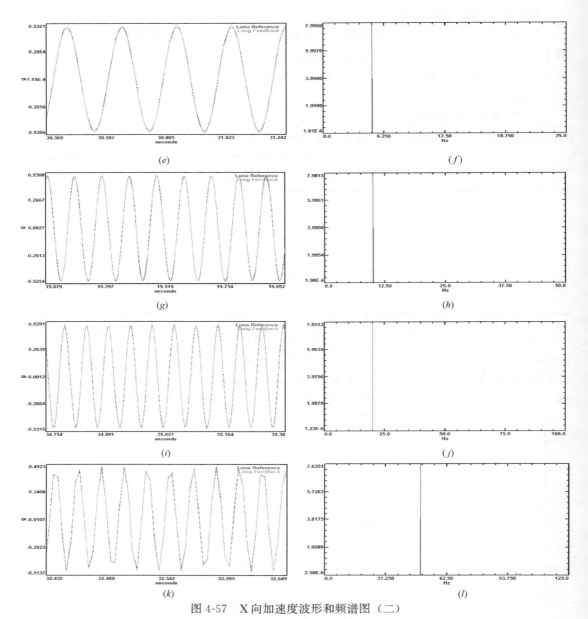

图 4-57　X 向加速度波形和频谱图（二）

（e）加速度波形图（5.0Hz，0.5g）；（f）反馈信号频谱图（5.0Hz，0.5g）；（g）加速度波形图（10Hz，0.5g）；
（h）反馈信号频谱图（10Hz，0.5g）；（i）加速度波形图（20Hz，0.5g）；（j）反馈信号频谱图（20Hz，0.5g）；
（k）加速度波形图（49Hz，0.5g）；（l）反馈信号频谱图（49Hz，0.5g）

2）Y 方向加速度波形失真度。

Y 方向加速度波形如图 4-58 所示。加速度波形失真度见表 4-25。

表 4-25 为 Y 向加速度波形失真度值。在加速度为 0.5g，频率为 1.0Hz、2.0Hz、5.0Hz、10Hz、20Hz 情况下，测得波形失真度分别为 1.65%、1.2%、0.5%、0.3%、2.8%，测试值均远远小于 5%；在加速度为 0.5g，频率为 49（50）Hz 时，波形失真度为 1.1%＜10%。由上可知，加速度控制下的 Y 向波形失真较小，控制精度高。

Y 向加速度波形失真度值 表 4-25

方向	频率（Hz）	加速度（g）	失真度（%）
	1.0	0.5	1.65
	2.0	0.5	1.2
Y	5.0	0.5	0.5
	10	0.5	0.3
	20	0.5	2.8
	49/50	0.5	1.1

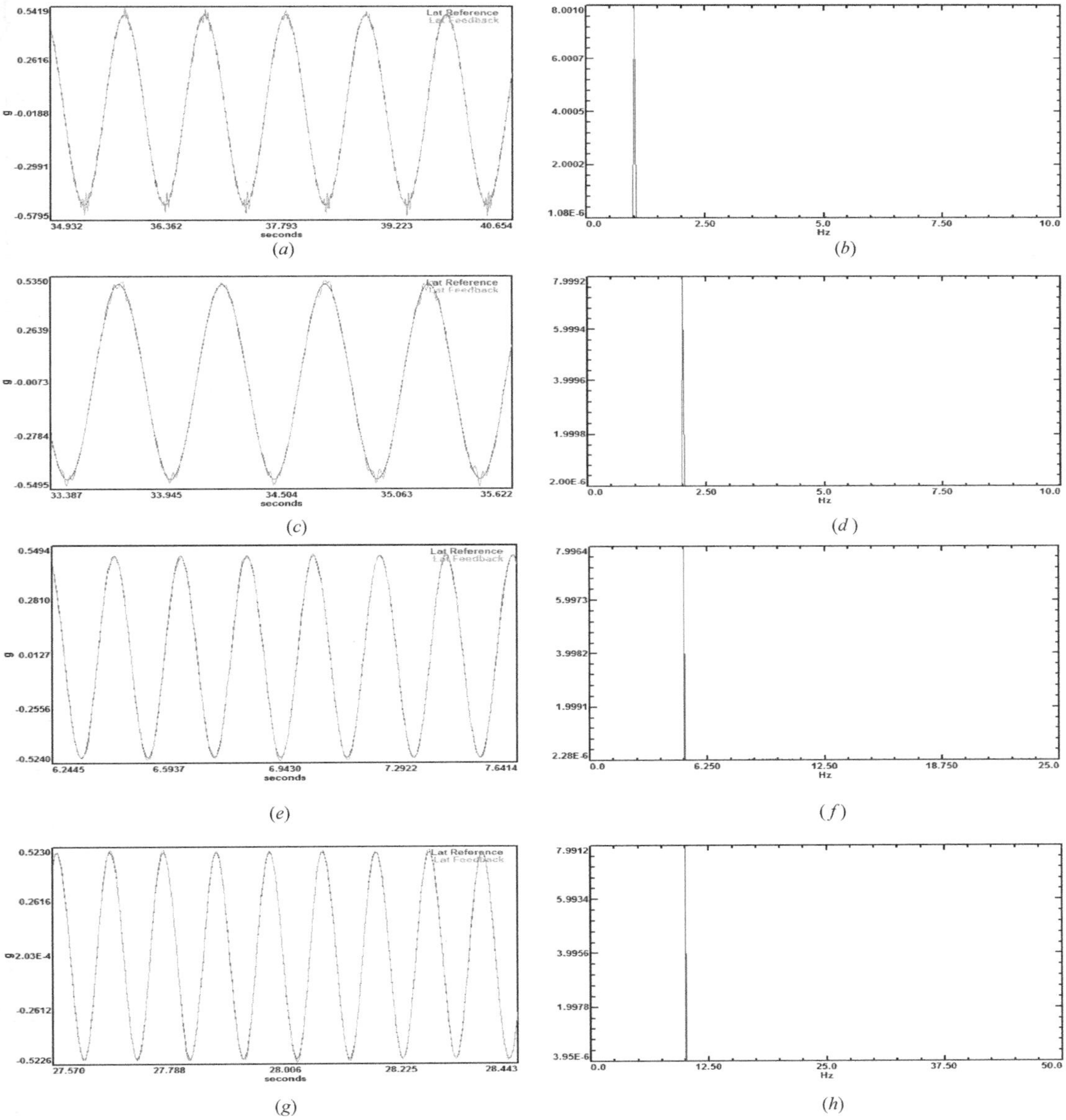

图 4-58 Y 向加速度波形和频谱图（一）

（*a*）加速度波形图（1.0Hz，0.5*g*）；（*b*）反馈信号频谱图（1.0Hz，0.5*g*）；（*c*）加速度波形图（2.0Hz，0.5*g*）；
（*d*）反馈信号频谱图（2.0Hz，0.5*g*）；（*e*）加速度波形图（5.0Hz，0.5*g*）；（*f*）反馈信号频谱图（5.0Hz，0.5*g*）；
（*g*）加速度波形图（10Hz，0.5*g*）；（*h*）反馈信号频谱图（10Hz，0.5*g*）；

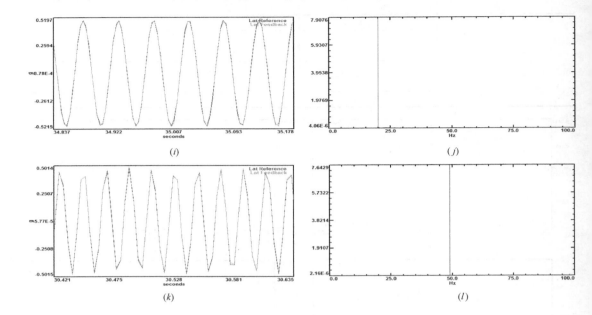

图 4-58　Y 向加速度波形和频谱图（二）

（*i*）加速度波形图（20Hz，0.5*g*）；（*j*）反馈信号频谱图（20Hz，0.5*g*）；
（*k*）加速度波形图（49Hz，0.5*g*）；（*l*）反馈信号频谱图（49Hz，0.5*g*）

3）Z 方向加速度波形失真度

Z 方向加速度波形如图 4-59 所示。加速度波形失真度见表 4-26。

Z 向加速度波形失真度值　　　　　　　　表 4-26

方向	频率（Hz）	加速度（g）	失真度（%）
Z	1.0	0.4	0.9
	2.0	0.5	3.2
	5.0	0.5	1.4
	10	0.5	0.7
	20	0.5	0.4
	49/50	0.5	5.8

表 4-26 为 Z 向加速度波形失真度值。在加速度为 0.5*g*，频率为 2.0Hz、5.0Hz、10.0Hz、20Hz 情况下，测得波形失真度分别为 3.2%、1.4%、0.7%、0.4%，测试值均远远小于 5%；在加速度为 0.4*g*，频率为 1.0Hz 时，波形失真度为 0.9%＜5%；在加速度为 0.5*g*，频率为 49（50）Hz 时，波形失真度为 5.8%＜10%。由上可知，加速度控制下的 Z 向波形失真较小，控制精度高。

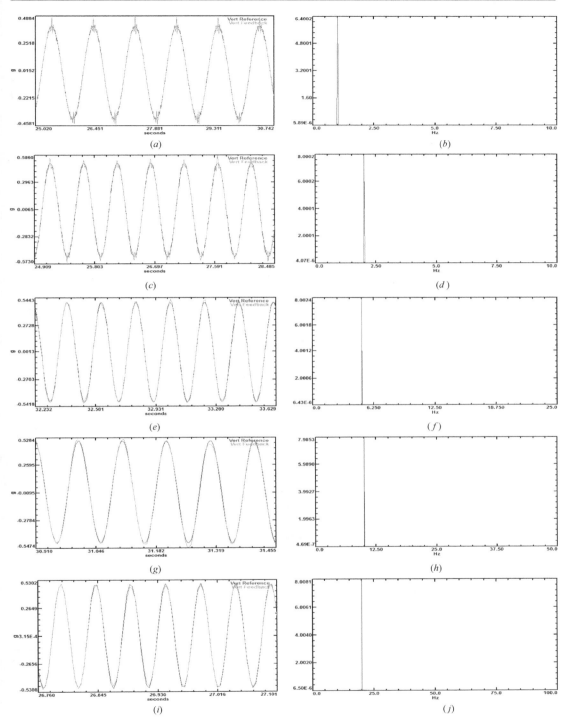

图 4-59 X 向加速度波形和频谱图 (一)

(*a*) 加速度波形图 (1.0Hz, 0.4*g*); (*b*) 反馈信号频谱图 (1.0Hz, 0.4*g*); (*c*) 加速度波形图 (2.0Hz, 0.5*g*);
(*d*) 反馈信号频谱图 (2.0Hz, 0.5*g*); (*e*) 加速度波形图 (5.0Hz, 0.5*g*); (*f*) 反馈信号频谱图 (5.0Hz, 0.5*g*);
(*g*) 加速度波形图 (10Hz, 0.5*g*); (*h*) 反馈信号频谱图 (10Hz, 0.5*g*); (*i*) 加速度波形图 (20Hz, 0.5*g*);
(*j*) 反馈信号频谱图 (20Hz, 0.5*g*)

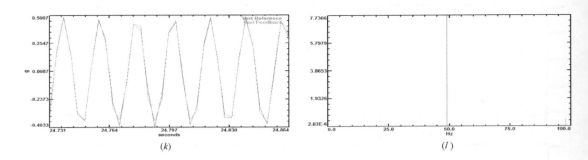

图 4-59 X 向加速度波形和频谱图（二）

（k）加速度波形图（49Hz，0.5g）；（l）反馈信号频谱图（49Hz，0.5g）

4.4.4 倾覆力矩

根据地震模拟振动台设计要求，对其进行倾覆力矩测试（图 4-60），主要通过采用正弦波从 X 向、Y 向分别进行试验，X 向工况：1.21g、0.3Hz，1.24g、0.5Hz；Y 向工况：1.22g、0.3Hz，1.19g、0.5Hz，如图 4-61～图 4-64 所示，其测量倾覆力矩值见表4-27。

图 4-60 倾覆力矩测试图

倾覆力矩值　　　　　　　　　　　　　　　　　　　　表 4-27

方向	频率（Hz）	加速度（g）	倾覆力矩（kN·m）	备注
X	3.0	1.21	811.13	Pitch
	5.0	1.24	820.01	
Y	3.0	1.22	801.24	Roll
	5.0	1.19	825.26	

表 4-27 中可以看出，X 向施加 3.0Hz、1.21g 正弦波时，测得 Pitch 向力反馈信号值为 811.13kN·m，约为 81.113t·m＞80t·m；施加 5.0Hz、1.24g 正弦波时，测得 Pitch 向力反馈信号值为 820.01kN·m，约为 82.001t·m＞80t·m。Y 向施加

3.0Hz、1.22g 正弦波时，测得 Roll 向力反馈信号值为 801.24kN · m，约为 80.124t·m＞80t·m；施加 5.0Hz、1.19g 正弦波时，测得 Roll 向力反馈信号值为 825.26kN · m，约为 82.526t·m＞80t·m。综上可知，地震模拟振动台的倾覆力矩值能够达到设计要求。

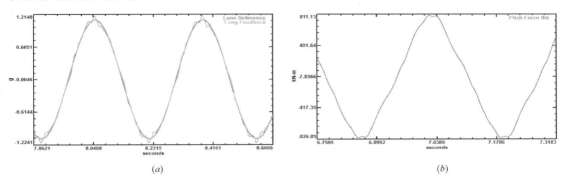

图 4-61　X 向倾覆力矩图（3.0Hz，1.21g）

（a）X 向参考/反馈信号；（b）Pitch 向力反馈信号图

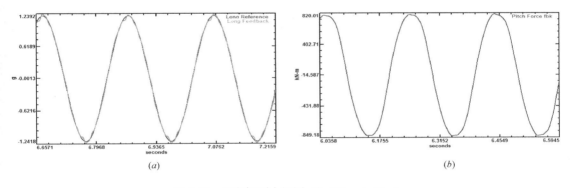

图 4-62　X 向倾覆力矩图（5.0Hz，1.24g）

（a）X 向参考/反馈信号；（b）Pitch 向力反馈信号图

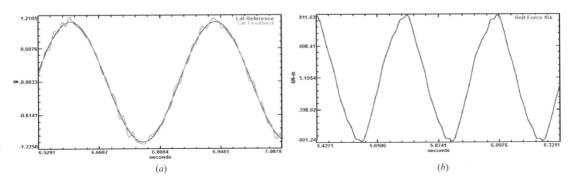

图 4-63　Y 向倾覆力矩图（3.0Hz，1.22g）

（a）Y 向参考/反馈信号（3.0Hz）；（b）Roll 向力反馈信号（3.0Hz）

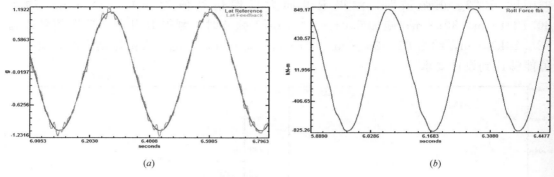

(a)　　　　　　　　　　　　　　　　(b)

图 4-64　Y 向倾覆力矩图（5.0Hz，1.19g）

（a）Y 向参考/反馈信号；（b）Roll 向力反馈信号

第 5 章 虚拟地震模拟振动台系统研究

5.1 概述

地震模拟振动台系统是一个复杂的非线性系统,其控制状态不仅取决于振动台系统自身的动力特性,还受到振动台上面模型试件的影响。在空载情况下调试好的振动台在承受上部模型试件的负载后,其性能状态会发生变化。因而,通常需要在每次试验之前在有模型负载的情况下对振动台进行调试。此外,带模型进行的在线调试常常会对模型试件产生难以预期的振动影响,对于振动台台阵上的多点输入模型在线调试几乎是不可行的。因此,地震模拟振动台控制系统数值仿真研究就变成一个非常现实且迫切需要解决的问题。

20 世纪 90 年代开始,振动台控制系统非线性研究得到学者的重视[148-155]。1995 年,Newell 等将液压系统作动器、伺服阀的非线性考虑在内建立了振动台非线性模型,而后运用泰勒展开,将系统模型简化为时变线性模型。2002 年,Shortreed 等学者在建模过程中考虑振动台液压系统、几何效应、油压缩性、作动器侧向力、自反力架、倾覆弯矩、试件自身动力特性等各类非线性影响,建立了非线性模型。2005 年,Chase 等对伺服阀死区非线性进行了研究,结果表明伺服阀死区非线性在一定程度上限制了作动器的速度。2007 年,Ozeelik 等对系统中存在的阻尼力和摩擦力进行了研究,通过试验拟合得出了这两类力的力学模型。2008 年,Plummer 等将轴转动率、死区、阀重叠、阀体压力损失等液压机械元件非线性考虑在内建立了非线性模型,并利用该完整模型进行了数字仿真,控制器设计时对模型进行了适当简化。2006 年,严侠等对三轴六自由度液压液压激振系统进行了动态特性和动力学分析,建立了振动台的机械液压系统整体模型,所得的数学模型能够真实反映该系统的动态特性,其模型频率特性与实际系统相近。2008 年,王钰等以伺服阀非线性为特性核心,利用 Mtlab/Simulink 建立了电液振动台非线性模型,仿真出该系统在某些频段内存在的加速度失真趋势,具有一定的准确性。2010 年,王进廷等采用 Simulink 构建了双振动台试验系统的仿真模型,构建的虚拟振动台能够精确模拟实际系统中存在的油共振、时滞等非线性动力特性,与真实振动台具有相同的性态。

5.2 虚拟地震模拟振动台系统

5.2.1 Matlab-simulink 简介

SimMechanics[156,157] 是 The Math Works 公司于 2001 年 10 月推出的机构系统模块

集，它借助于 Matlab/Simulink 软件包和虚拟现实工具箱，允许用户对机构系统进行物理化的仿真，丰富了 Matlab 在机械系统中概念性建模的能力，是 Matlab 所推出的系列产品在物理建模领域的一大进步。

SimMechanics 中有着丰富的元件，如：刚体、铰链、约束、作动器和传感器等，这些元件与实际机构相对应，是实际元件的物理简化模型，能真实反应实际元件的特点。用户可以不用进行方程编程，而是借助多刚体仿真工具即 SimMechanics 元件搭建模型，这个模型主要由刚体、铰链、约束以及外力等机械的基本物理元件组成。另外，自动化 3D 动画生成工具可做到仿真的可视化。所以用 SimMechanics 建模，除了可以直接选择与机械机构物理相仿的各种模块，建立机构的 SimMechanics 框图模型，而且还可以通过可视化观察机械机构各部件的运动情况，对各种串、并联机械机构进行建模和仿真是方便且有效的。

SimMechanics 在仿真和分析的过程中，利用牛顿动力学中力和转矩等基本概念，对各种运动副连接的刚体进行建模与仿真，实现对机构系统进行分析与设计的目的。另外，用 SimMechanics 建立的模型，还可以直接与在 Simulink 中建立的控制模型等连接，从而实现对机构控制的快速建模和仿真。SimMechanics 支持用户自定义的构件模块，可以通过设定质量、转动惯量和环境参数，或通过节点联接并添加适当的运动约束、驱动力形成新的构件，从而使仿真模型更加贴近实际模型。使用 SimMechanics 为数字化地震模拟振动台模型的构建以及进一步的研究提供了很大的便利。

5.2.2　虚拟地震模拟振动台仿真模型

（1）虚拟地震模拟振动台控制系统

西安建筑科技大学虚拟地震模拟振动台系统（图 5-1）主要根据地震模拟振动台的工作原理，依据作动器流量连续方程、台面加载及运动特性等[158]，在各部分的数学模型的基础上，采用 Matlab-simulink 软件编写其仿真模型构建而成。该虚拟仿真系统可与地震模拟振动台控制软件（469D）连接，通过 469D 进行操作，可以进行真实地震模拟振动台的所有控制，如三参量调节，自适应控制调节等，实现了地震模拟振动台的离线调试功能。虚拟系统模型如图 5-1 所示。

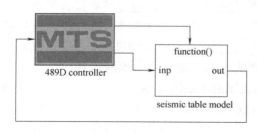

图 5-1　虚拟地震模拟振动台控制系统模型

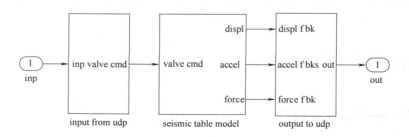

图 5-2　伺服阀-台面加载 simulink 模型

图 5-2 为虚拟地震模拟振动台伺服阀-台面加载 Simulink 模型的外部封装结构，主要包括了命令输入系统模块、作动器台面系统模块和反馈系统模块三部分。输入系统模块信号输入由地震模拟振动台控制软件（469D）实现。

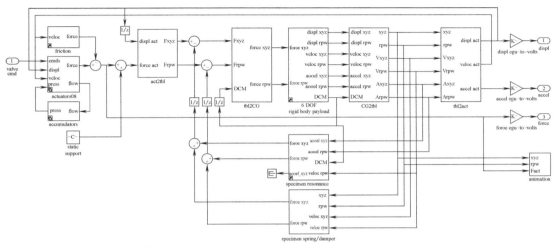

图 5-3 作动器—台面加载展开的 Simulink 模型

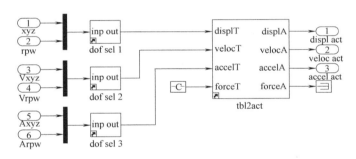

图 5-4 作动器子系统展开的 Simulink 模型

图 5-3 作动器—台面加载展开的 Simulink 模型，包括了八个作动器控制模块单元，涉及加速度信号、速度信号、位移信号、力信号的处理；台面运动的六个自由度控制模块单元，涵盖了 X 向、Y 向、Z 向、Roll 向、Pitch 向、Yaw 向的控制；系统共振控制单元；系统急停减震功能等单元模块。图 5-4 为作动器子系统展开的 Simulink 模型，主要包括了位移、速度、加速度的信号输入输出过程，以及作动器力信号控制。

（2）虚拟地震模拟振动台台体

虚拟地震模拟振动台台体主要组成部分有台体和分布在台体四周的八个液压作动器（图 5-5）。在仿真时为了使整个模型简洁直观，仿真模型仅对振动台主要部分即主要参与振动台运动的构件进行仿真，主要包括振动台台体和八个作动器。另外，在对振动台机构进行简化的过程中，可以将装配在一起且运动相对静止的零件考虑为一个整体，同时为了与实际模型运动一致，在简化的过程中，还需注意构件之间的几何关系，从而完整的表达出机构中各个零部件之间的相对运动关系。

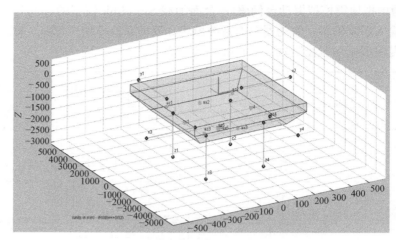

图 5-5　地震模拟振动台台体模型

5.3　虚拟地震模拟振动台系统特性仿真与分析

为了检验虚拟地震模拟振动台对真实地震模拟振动台的一致性，需对虚拟地震模拟振动台进行性能评定，主要是测试地震模拟振动台的幅频响应曲线，地震模拟振动台运动姿态分析等方面，以分析虚拟地震模拟振动台的仿真模型精度和性能的可靠性。

5.3.1　虚拟地震模拟振动台系统特性分析

虚拟地震模拟振动台系统建模后，为了验证系统的可靠性、准确性以及控制精度，应与真实地震模拟振动台的性能参数进行比较分析。一般采用均值方根幅值为 $0.1g$，$0.5\sim50Hz$ 的随机波分别激励真实地震模拟振动台系统和虚拟地震模拟振动台系统，分别采集记录下幅频响应曲线，然后对其数据进行分析比较。

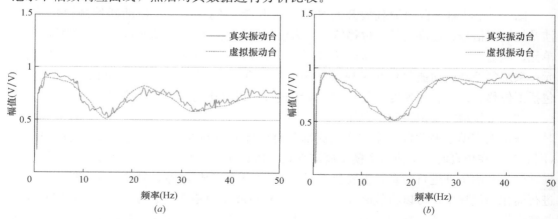

图 5-6　X、Y、Z 三个方向幅频响应曲线（一）

（a）X 方向幅频响应曲线；（b）Y 方向幅频响应曲线

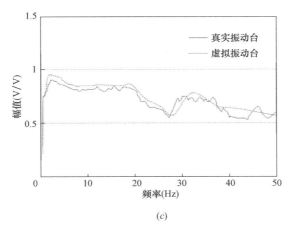

(c)

图 5-6 X、Y、Z 三个方向幅频响应曲线（二）

(c) Z 方向幅频响应曲线

图 5-6 分别为 X、Y、Z 三个方向虚拟地震模拟振动台和真实地震模拟振动台的幅频响应曲线。从图中可以看出，地震模拟振动台系统 X 方向油柱共振频率约为 15Hz，Y 方向油柱共振频率约为 18Hz，Z 方向油柱共振频率约为 27Hz。此外表面，虚拟地震模拟振动台与真实地震模拟振动台的性能大致一致，仿真结果较为准确，满足地震模拟振动台控制系统使用要求。

5.3.2 虚拟地震模拟振动台运动姿态分析

（1）单自由度运动分析

设定 X 方向的输入波形为 X＝0.03sin（5t），单位为 m，如图 5-7 所示。X6 和 X7 位移一致，方向相反，其他有较小的位移输出。X 方向平动合成比较稳定，但 Z 方向的平动和转动皆有较小位移输出。

设定 Z 方向的输入波形为 Z＝0.03sin（5t），单位为 m，如图 5-8 所示。Z1～Z4 一致，其他作有较小的位移输出。Z 方向平动合成比较稳定，但 Z 方向的转动有较小位移输出。

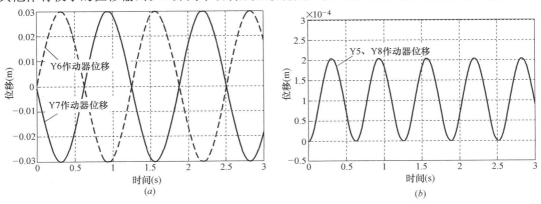

(a)

(b)

图 5-7 地震模拟振动台 X 方向运动曲线（一）

（a）X 方向位移曲线；（b）Y 方向位移曲线

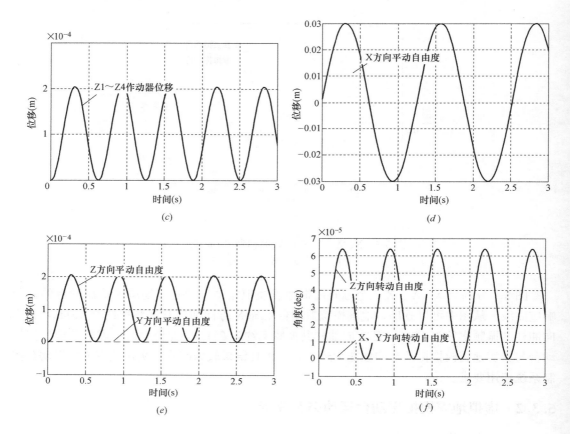

图 5-7　地震模拟振动台 X 方向运动曲线（二）

（c）Z 方向位移曲线；（d）X 方向平动位移曲线；

（e）Z、Y 方向平动位移曲线；（f）X、Z、Y 方向转动位移曲线

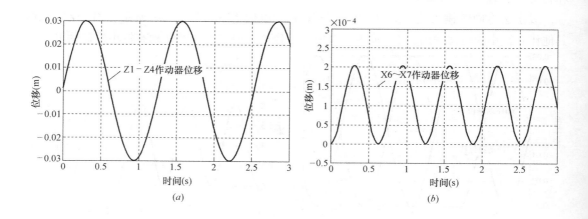

图 5-8　地震模拟振动台 Z 方向运动曲线（一）

（a）Z 方向位移曲线；（b）X、Y 方向位移曲线

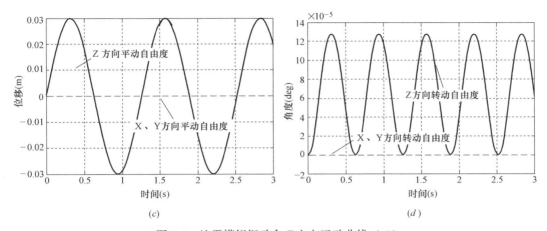

图 5-8　地震模拟振动台 Z 方向运动曲线（二）

（c）X、Y、Z 方向平动位移曲线；（d）X、Y、Z 方向转动位移曲线

设定 Roll 方向的输入波形为 Roll＝0.03sin（5t），单位为 deg，如图 5-9 所示。Z1、

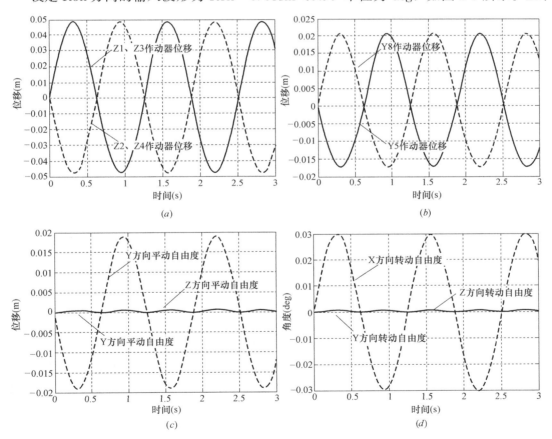

图 5-9　地震模拟振动台 Roll 方向运动曲线

（a）Z 方向位移曲线；（b）Y 方向位移曲线；（c）X、Y、Z 方向平动位移曲线；

（d）X、Y、Z 方向转动位移曲线

91

Z3 位移一致，Z2、Z4 位移一致，但方向相反，其他有位移输出。X 方向转动合成比较稳定，但 Y 方向的平动有输出，Z 方向平动和转动皆有位移输出。

设定 Yaw 方向的输入波形为 Yaw＝0.03×sin（5×t）（deg），如图 5-10 所示，Y5、X6、X7、Y8 位移一致，Z1～Z4 有较小的位移输出。Z 方向转动输出稳定，伴有 Z 方向平动输出且频率较输入波形有所增大。

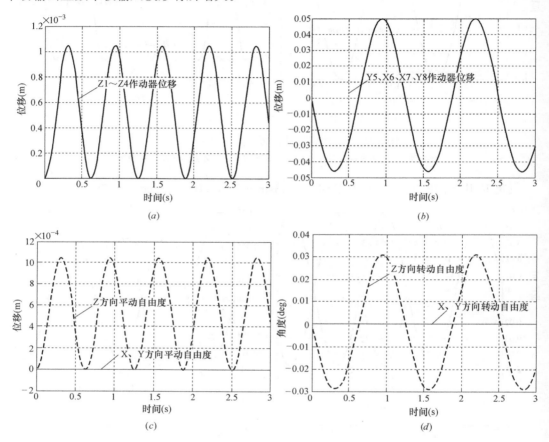

图 5-10　地震模拟振动台 Yaw 方向运动曲线

（a）Z 方向位移曲线；（b）X、Y 方向位移曲线；（c）X、Y、Z 方向平动位移曲线；

（d）X、Y、Z 方向转动位移曲线

通过上面对各自由度的分析可以看出，平动自由度的合成和分解精度较好，各自由度间的耦合性较低。单自由度转动运动时伴随有不可忽略的牵连自由度产生，这是因为转动自由度不可避免地会带动两个方向上的作动器运动，从而产生多余方向上的位移，造成耦合。

（2）地震模拟振动台台体运动分析

虚拟地震模拟振动台台体运动姿态分析以耦合较为严重的 Z 方向平动为例，输入正弦信号 Z＝0.2sin5t，单位为 m，其他自由度的信号为零。如图 5-11 为虚拟地震模拟振动台台体中心位移曲线所示。

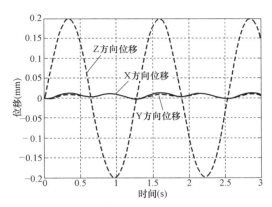

图 5-11 虚拟地震模拟振动台台体中心位移曲线

由图 5-11 可知，振动台在 Z 向运动时，Z 方向四个作动器为主要位移输出部件，而 X 向和 Y 向作动器由于牵连运动，也会有小幅位移输出。另外由台体中心传感器位移曲线可知，台体 Z 方向的运动与给定位姿一致，X、Y 方向仍有小幅位移输出，但其值在误差范围内，不影响实际结果。

第 6 章　钢筋混凝土结构模型地震模拟振动台试验研究

在地震模拟振动台试验中，由于试验模型的多样化和自身特性等因素，试验模型对地震模拟振动台控制系统性能有一定的影响，对系统控制精度会产生较大的偏差。在此方面国内外学者也进行了一些理论研究工作[159-165]，Blondet 等从理论上研究了单向振动台台面与试件相互作用，理论结果表明该相互作用对结构自振频率周围的时程跟踪性能有很大影响，其相互耦合作用也降低了振动台系统的稳定性；Symans 等通过对比试验研究表明，试件对振动台控制性能有较大明显影响。Trombetti 等建立了考虑试件—台面相互作用对振动台影响的数学模型，并进行了计算机仿真分析和试验验证，结果表明了试件对振动台性能影响较大，试件质量的增加会降低振动台系统油柱共振频率，试件的频率成为振动台系统的第二共振频率，试件频率附近的输入波分量再现精度相比其他频率分量低很多；李振宝、唐贞云等学者从地震记录再现精度、实时补偿及系统稳定性等方面研究了试件特性对地震模拟振动台控制性能影响。

因此，在国内外学者研究的基础上，本书以 5 层钢筋混凝土框架结构模型为对象，研究试验模型对地震模拟振动台控制系统性能的影响，同时并对其进行抗震性能试验研究。

6.1　试验概况

钢筋混凝土结构模型为 5 层钢筋混凝土框架结构，模型缩尺比例为 1：5，模型总重约为 18.0t；平面呈矩形对称布置，柱距 1.2m，首层层高 0.84m，二层到五层层高均为 0.72m，总高度为 3.72m，高宽比为 1.55。模型主要设计动力特性参数：加速度相似比为 1.97：1，时间相似比为 0.32：1。试验模型如图 6-1 所示。

图 6-1　钢筋混凝土结构试验模型图

6.1.1　试验选用地震波

本试验采用两条强震记录 ELCentro 波（N-S）和天津波（E-W），一条人工波记录兰州波[166]，试验时按照模型设计的动力特性相似比进行了时间压缩，同时把地震波幅值均归一化，调成 1.0g，在进行试验工况时可按比例输入，压缩后的波形图如图 6-2 所示。ELCentro 波是 1940 年 5 月 18 日在美国加利福尼亚帝国河谷地区发生的 6.7 级地震记录，时间步长为 0.02s，持时取 30s，南北分量加速度峰值为 341.7cm/s²，主要的周期范围为 0.25~0.60s，适合于 Ⅱ 类场地。天津波是 1976 年 11 月 25 日发生在天津的 6.9 级地震，时间步长为 0.01s，持续时间为 19.19s，东西向加速度峰值为 104.18cm/s²，适合于 Ⅳ 类场地。兰州人工波，加速度峰值为 187.4cm/s²，时间步长为 0.02s，持续时间为 16.58s，适合于 Ⅲ 类场地。

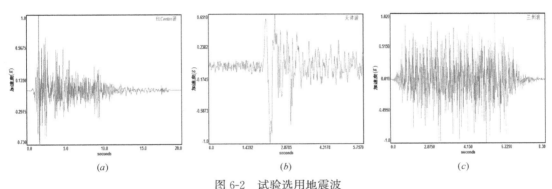

图 6-2　试验选用地震波

（*a*）ELCentro 波；（*b*）天津波；（*c*）兰州波

6.1.2　测点布置

本次试验共布置了 7 个加速度传感器，分别在振动台台面、结构底板和结构每层顶板布置；3 个位移传感器，分别在振动台台面、结构底板和顶板上，传感器位置见表 6-1。

X 向加速度/位移传感器布置　　　　　　　　　　　　　　　　　表 6-1

序号	传感器类型	单位	测点位置
1	加速度	g	台面
2	加速度	g	结构底板
3	加速度	g	一层顶板
4	加速度	g	二层顶板
5	加速度	g	三层顶板
6	加速度	g	四层顶板
7	加速度	g	五层顶板
8	位移	mm	台面
9	位移	mm	底板
10	位移	mm	顶层

6.1.3 试验工况

在本次试验中，选取 ElCentro 波、兰州波、天津波为地震输入波，从 X 方向单向输入。依据《建筑抗震设计规范》GB 50011—2010 要求[167]，依次进行 6 度设防（0.05g）、7 度设防（0.1g）、8 度设防（0.2g）等抗震设防烈度水平要求试验。本次试验工况共 13 个，具体试验工况及加载顺序见表 6-2。

试验工况表 表 6-2

工况	输入波类型	加速度幅值(g)		备注
		原型	模型	
1	白噪声		0.035	
2	ELCentro 波	0.05	0.0985	
3	兰州波	0.05	0.0985	6 度设防
4	天津波	0.05	0.0985	
5	白噪声		0.035	
6	ELCentro 波	0.1	0.197	
7	兰州波	0.1	0.197	7 度设防
8	天津波	0.1	0.197	
9	白噪声		0.035	
10	ELCentro 波	0.2	0.394	
11	兰州波	0.2	0.394	8 度设防
12	天津波	0.2	0.394	
13	白噪声		0.035	

6.2 地震模拟振动台控制系统参数研究

地震模拟振动台试验中，为更好使台面输出信号更趋近于参考信号，具有更高的重复性和精度要求，主要进行了静态支撑，三参量（TVC）、自适应逆控制（AIC）等参数调节。

6.2.1 静态支撑

为了平衡台面和试件的重量，在试验前应对静态支撑进行设置，使附属的氮气罐有一定的气压值，以保证竖向作动器动态位移行程，如图 6-3 所示。静态支撑重量—预加压如图 6-4 所示。静态支撑氮气预加气压计算如下：

根据绝热气体规律方程可知：

$$P \cdot V^n = 常数 \tag{6-1}$$

设试件重量为 W_{SJ}，台面的重量为 W_{TM}，作动器承担的重量为 W_{zdq}，则每个静态支撑承担的重量为：

$$W_{JT} = (W_{SJ} + W_{TM} - W_{ZDQ})/4 \tag{6-2}$$

作动器静态支撑内部截面面积为 A，则静态支撑的内部气压为：

$$P = W_{JT}/A \tag{6-3}$$

为保证静态支撑内部正常高效的工作，存在一个最小的油柱体积为 $V_{oil,min}$，静态支撑内部体积为 V_a，则静态支撑的氮气气压为：

$$P_n = P \cdot (V_a - V_{oil,min})^n \tag{6-4}$$

式中　P_n——静态支撑充氮气气压值；

　　　n——定压热容与定体热容之比，取值为 $7/5$。

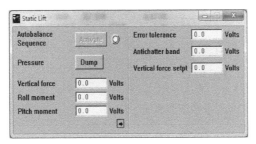

图 6-3　静态支撑调节界面

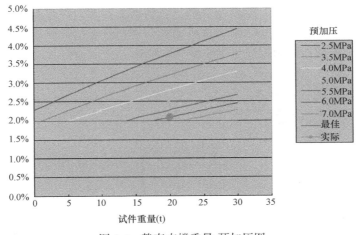

图 6-4　静态支撑重量-预加压图

6.2.2　三参量（TVC）

由于系统及试件自身动力特性等因素，将对地震模拟振动台控制系统产生一定的影响，最主要的就是使系统的油柱共振频率发生变化。为了消除系统的油柱共振等影响因素，需要重新对控制系统进行三参量（TVC）参数进行调节（图 6-5），更新地震模拟振动台控制系统频响特性，以保证控制系统的精度。

图 6-6 为 X 方向在三参量（TVC）调节前地震模拟振动台控制系统的频响特性曲线。从图中可以看出，台面安装试件后，X 方向油柱共振频率为 11.8Hz，相比较空载下地震模拟振动台系统都有稍许的变化。

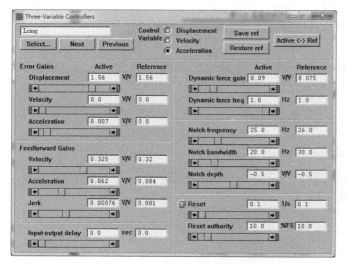

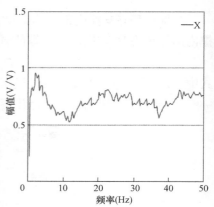

图 6-5　三参量（TVC）参数调节界面

图 6-6　X 方向调节前频响特性曲线

6.2.3　自适应逆控制（AIC）

在控制系统三参量（TVC）参数调节调节的基础上，为了控制系统的控制精度更高，系统频响特性曲线更接近 1，可以使用自适应逆控制（AIC）参数调节，如图 6-7 所示。调节后的地震模拟振动台频响特性曲线如图 6-8 所示。

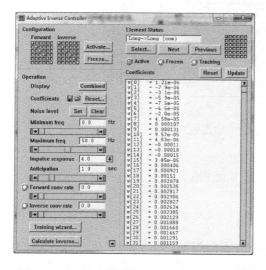

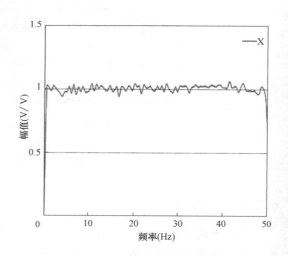

图 6-7　自适应逆控制（AIC）参数调节界面

图 6-8　X 方向调节后频响特性曲线

图 6-8 为 X 方向在自适应逆控制（AIC）参数调节后地震模拟振动台控制系统的频响特性曲线。从图中可以看出，频响特性曲线较三参量（TVC）调节后地震模拟振动台控制系统的频响特性曲线幅值都接近于 1，表明了控制系统的输出和输入更为吻合，控制精度更高。

6.3 试验结果分析

6.3.1 模型结构动力特性分析

对试验模型地震前后白噪声扫频所得加速度反应数据进行处理，可得到结构模型的前三阶自振频率和周期，见表 6-3。

各阶段白噪声扫频所得模型 X 方向自振频率 表 6-3

工况	一阶		二阶		三阶	
	频率（Hz）	周期（s）	频率（Hz）	周期（s）	频率（Hz）	周期（s）
W-1	4.36	0.229358	13.96	0.071633	24.86	0.040225
W-2	4.35	0.229885	13.16	0.075988	23.35	0.042827
W-3	4.32	0.231481	13.06	0.07657	23.15	0.043197
W-4	4.20	0.238095	12.73	0.078555	20.22	0.049456

由表 6-3 可以看出，试验前结构模型一阶频率为 4.36Hz，随着试验的进行，结构的自振频率不断减小，到试验最后一阶频率降为 4.20Hz，表明了在结构模型刚度不断减小，模型出现了一定的破坏。

6.3.2 加速度分析

本次试验所得模型各测点的加速度反应峰值及其放大系数见表 6-4～表 6-6，并给出了在地震波作用下五层顶板的加速度时程曲线，如图 6-9 和图 6-10 所示。

加速度响应峰值及放大系数 （PGA=0.1g） 表 6-4

测点位置	ElCentro 波		兰州波		天津波	
	峰值（g）	放大系数	峰值（g）	放大系数	峰值（g）	放大系数
台面	0.11	—	0.10	—	0.13	
结构底板	0.11	1.00	0.10	1.00	0.13	1.00
一层顶板	0.14	1.27	0.12	1.20	0.18	1.38
二层顶板	0.23	2.09	0.17	1.70	0.23	1.77
三层顶板	0.28	2.55	0.16	1.60	0.25	1.92
四层顶板	0.36	3.27	0.21	2.10	0.31	2.38
五层顶板	0.41	3.73	0.24	2.40	0.36	2.77

由表 6-4 可以看出，在 PGA=0.1g 水平地震动输入下，EL-Centro 波作用下加速度放大系数的最大值为 3.73，兰州波作用下加速度放大系数的最大值为 2.40，天津波作用下加速度放大系数的最大值为 2.77。

加速度响应峰值及放大系数（PGA＝0.2g）　　　　　　　　　　表 6-5

测点位置	ElCentro 波		兰州波		天津波	
	峰值(g)	放大系数	峰值(g)	放大系数	峰值(g)	放大系数
台面	0.29	—	0.23	—	0.26	—
结构底板	0.29	1.00	0.23	1.00	0.26	1.00
一层顶板	0.32	1.12	0.25	1.10	0.30	1.15
二层顶板	0.49	1.68	0.35	1.52	0.42	1.63
三层顶板	0.65	2.26	0.39	1.67	0.48	1.84
四层顶板	0.72	2.48	0.44	1.93	0.53	2.03
五层顶板	0.91	3.15	0.61	2.64	0.60	2.32

由表 6-5 可以看出，在 PGA＝0.2g 水平地震动输入下，EL-Centro 波作用下加速度放大系数的最大值为 3.15，兰州波作用下加速度放大系数的最大值为 2.64，天津波作用下加速度放大系数的最大值为 2.32。

加速度响应峰值及放大系数（PGA＝0.4g）　　　　　　　　　　表 6-6

测点位置	ElCentro 波		兰州波		天津波	
	峰值(g)	放大系数	峰值(g)	放大系数	峰值(g)	放大系数
台面	0.38	—	0.48	—	0.47	—
结构底板	0.38	1.00	0.48	1.00	0.47	1.00
一层顶板	0.55	1.45	0.47	0.96	0.55	1.17
二层顶板	0.76	2.01	0.54	1.11	0.65	1.39
三层顶板	1.19	3.16	0.53	1.11	0.83	1.77
四层顶板	1.18	3.14	0.70	1.46	0.98	2.10
五层顶板	1.46	3.86	1.03	2.13	1.18	2.51

由表 6-6 可以看出，在 PGA＝0.2g 水平地震动输入下，EL-Centro 波作用下加速度放大系数的最大值为 3.86，兰州波作用下加速度放大系数的最大值为 2.13，天津波作用下加速度放大系数的最大值为 2.51。

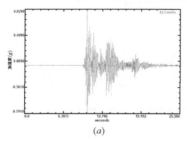 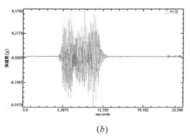 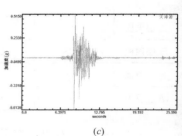

(a)　　　　　　　　　　　(b)　　　　　　　　　　　(c)

图 6-9　五层顶板的加速度时程曲线（PGA＝0.2g）

（a）ELCentro 波；（b）兰州波；（c）天津波

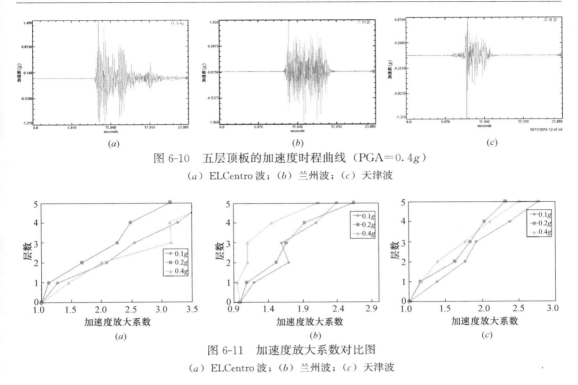

图 6-10　五层顶板的加速度时程曲线（PGA＝0.4g）

（a）ELCentro 波；（b）兰州波；（c）天津波

图 6-11　加速度放大系数对比图

（a）ELCentro 波；（b）兰州波；（c）天津波

　　由图 6-11 加速度放大系数对比图可以看出，模型结构每层的加速度整体趋势上呈倒三角分布。

6.3.3　位移分析

　　本次试验所得模型各测点的位移峰值见表 6-7。

测点的位移峰值（mm）　　　　　　　　　　　　　　　　　　　　表 6-7

地震输入		台面	底板	五层顶板
0.1g	ElCentro 波	1.99	1.99	4.43
	兰州波	3.28	3.28	4.43
	天津波	4.90	4.90	7.45
0.2g	ElCentro 波	4.16	4.16	9.23
	兰州波	4.22	4.22	9.16
	天津波	9.83	9.83	14.51
0.4g	ElCentro 波	8.50	8.50	18.42
	兰州波	15.08	15.08	17.12
	天津波	16.16	16.16	25.96

　　由表 6-7 可知：在 PGA＝0.4g 水平地震动输入下，EL-Centro 波作用下五层顶板的最大位移值为 18.42mm，兰州波作用下五层顶板的最大位移值为 17.12mm，天津波作用下五层顶板的最大位移值为 25.96mm。

第7章 电气设备地震模拟振动台试验研究

7.1 概述

随着我国现代经济社会的迅猛发展，特高压电网、核电站等领域的电气设备（设施）向大型化、高压化、新型化方向发展，电力系统作为生命线系统的重要组成部分，在国民经济中占有举足轻重的地位，对其他的系统会产生广泛的影响[168-171]。在地震中电力系统一旦失效或遭到破坏，其破坏性严重，影响范围广，会严重降低其他生命线系统的机能或致使完全瘫痪，极大程度上也制约其他系统震后的恢复时间，将会给国民经济和社会生活造成巨大的损失。尽管修复费用只占全部震后重建费用的一小部分，但电力系统失效造成的间接损失却是巨大的。部分电气设备震害如图 7-1 所示。

(a)   *(b)*

(c)   *(d)*

图 7-1 部分电气设备震害图

（*a*）变压器套管根部；（*b*）变压器套管破裂；（*c*）主变压器掉台；（*d*）油断路器三相断裂损坏

7.2 电力系统地震破坏状况

近年来，国内外历次地震的震害调查结果均表明[172-179]，高压电气设备系统的地震易损性极高。地震造成电力系统破坏的直接经济损失严重，间接损失巨大，不仅严重影响震后的生产生活和抗震救灾工作，而且造成的次生灾害还可能给人类社会带来难以预料的后果。下面主要针对几个大地震对电力系统的破坏情况进行简要介绍。

（1）美国北岭地震

1994年1月17日，发生于美国加州洛杉矶地区的里氏6.6级北岭地震对高压设备造成的破坏与其他地震大体一致。对230kV和500kV且含有大型瓷套管的高压设备造成的破坏，如变压器、live-tank断路器、隔离开关、比压器、陷波器等，以及地震中土壤液化和山体震颤造成的输电塔塔基的损坏要更多一些，造成了北美西部的大停电（远及美国爱达荷州与加拿大阿尔伯特省）。洛杉矶市水电局辖下221个变电设施中，有63处发生损坏，其中又以接近震中的变电站，如Sylmar、Rinaldi、RS-J、RS-U等变电站，与南加州爱迪生公司的Pardee、Vincent变电站最为严重。洛杉矶市水电局的直接经济损失为1.38亿美元，南加州爱迪生公司的直接经济损失约为4500万美元。地震造成大约250万用户停电，但短时间内即全数恢复供电。

（2）日本阪神地震

1995年1月17日，日本关西地区发生里氏7.2级阪神地震。地震造成大约100万户用户停电，日本全国十家电力公司震后均全力投入协助抢修复电的工作，至1月23日全部恢复供电。地震造成关西电力损失达2300亿日元，其中发电设施占350亿日元、输电设施占550亿日元、配电设施占960亿日元。本次地震的损坏情况见表7-1。

日本阪神地震电力系统损坏统计表　　　　　　　　　　　　　　　　表7-1

项目	主要设备损坏	主要设备轻微损坏与其他设备损坏	总数
火力发电厂	5	5	10
变电站	17	33	50
高架输电线路	11	12	23
地下输电线路	3	99	102
配电线路	649	—	649
通信线路	—	76	76

本次地震中电气设备主要震害表现为：变压器：陶瓷套管破裂，锚定损坏；落地罐式（dead-tank）气体绝缘断路器：套管损坏；油断路器：套管移位；避雷器：倾倒；配电线路：混凝土电线杆倾倒，地下管线毁损。值得注意的是：根据灾后调查资料，灾区内所有的断电问题，几乎皆可归因于5个275kV、1个187kV以及4个77kV变电站的变压器发生陶瓷套管损坏。

（3）日本新潟地震

2004年10月23日，日本新潟发生里氏6.8级地震，造成28万户用户停电。在输电线路中，由于滑坡等造成 1 基输电塔倒塌、3 基倾斜，轻微倾斜有 20 基。11 个变电站受损，其中避雷器损坏 1 件，机器基础下沉有 21 件。配电设备受损共有 7566 件，其中，支撑物等 4227 件（倒塌 88 件，倾斜 4139 件），与电线关联的有 3339 件（断线 105 件，其他 3234 件）。

（4）土耳其伊兹米特地震

1999 年 8 月 17 日，土耳其伊兹米特地区发生 7.4 级地震，造成了大范围的停电。停电的一个最主要的原因是一座 380/154kV 变电站的破坏。地震中，这一变电站中所有 4 个变压器均因为基础螺栓断裂而移动了 50cm，6 个主要的回路继电器中的 5 个破坏，导致油从绝缘套管泄漏。此外还有其他 9 座变电站的变压器、开关设备和建筑受到不同程度的破坏，所有的这些破坏都是与地面的强烈震动直接相关。

（5）中国台湾集集地震（"9·21"地震）

1999 年 9 月 21 日，中国台湾中部地区南投县集集附近发生里氏 7.6 级大地震。震灾发生后，由中部山区震中为主向外辐射的各电厂、开关站、变电站、输电塔线、配电线路及电线杆多处严重毁损、倒塌或倾斜，共计使 680 万户用户停电。在供电方面，由于"9.21"地震造成嘉民以北地区全停电，共计有 17 座变电站受损（含 6 座超高压变电站、8 座一次变电站、3 座一次配电变电站）。表 7-2 为电力设施损害状况，表 7-3 为电力设施损失估计金额。

中国台湾集集地震中电力设施损坏情况　　　　　　　　　　　表 7-2

项目	损坏情况（数量）
发电厂	9
变电站	345kV 变电站：5；161kV 变电站：8；69kV 变电站：13
配电线路	电杆折断 668 根；高压开关损坏 161 具，地下配电开关损坏 79 具；电线断线 4168 条、高压电缆损坏 16954m；电杆变压器损坏 1022 具、变压器损坏 79 具、计费电表损坏 38183 具
人员	2 人死亡

中国台湾集集地震电力设施损失估计金额　　　　　　　　　　表 7-3

项目	损失金额（千元新台币）
发电系统	3751660
供电系统	2996482
营业系统	1386612
工程	918361
其他	53344
合计	9110159

注：其中毁损资产修复约 42.28 亿元新台币，设备重置支出约 48.82 亿元新台币，合计 91.10 亿元新台币。

（6）唐山大地震

1976 年 7 月 28 日凌晨，河北省唐山市发生 7.8 级大地震。地震发生后，唐山地区各发电厂全部停止发电，唐山发电厂和陡河发电厂破坏最为严重。地震造成停电的变电站 33 座，其中 220kV 1 座、110kV 8 座、35kV 24 座。通往唐山的输电线路全部中断，承德、秦皇岛两地区系统解列，分别各自单独运行。

天津市的电厂有少数机组停止发电，多数机组仍与北京、保定和张家口地区继续联网运行。唐山、秦皇岛和承德各厂站与京津唐电力系统的通信联络全部中断，电力载波站也因失去电源而中断。断电造成断水，给当地居民的生活和抗震救灾工作造成很大的困难。

（7）汶川大地震

"5·12"汶川里氏 8 级地震给电力系统造成的影响很大，特别是离地震中心比较近的临近省份，比如四川、甘肃、陕西，这些地区的电力设施遭到了比较严重的破坏。

四川省的电力设施遭受的破坏是最严重的，造成川西地区 32 座电厂与主电网解列，289 座电厂与地方电网解列，停运容量总计超过了 843 万 kW。输电线路受损情况如下：四川省电网因灾停运电力线路（35kV 及以上）共 401 条（其中受损电力线路 360 条），其中：500kV 线路 4 条；220kV 线路 46 条；110kV 线路 130 条，其中 8 条为电铁供电；35kV 线路 221 条。变电站受损情况如下：因灾停运变电站（35kV 及以上）共 276 座，其中：500kV 变电站 1 座；220kV 变电站 13 座；110kV 变电站 77 座；35kV 变电站 185 座。

在陕西地区，地震造成 4 座 35kV 以上变电站停运，109 条 10kV 以上线路停运，7 座电厂不同程度受损，多台发电机组停运。在甘肃陇南地区，地震造成 9 个县（区）停电，2 座 220kV 以上变电站停运，196 条 10kV 以上线路停运，3 座水电站受灾停运。

7.3 电气设备试验人工地震动合成

7.3.1 地震动合成基本原理

根据《电力设施抗震设计规范》GB 50260—2013、《高压开关设备和控制设备的抗震要求》GB/T 13540—2009 等相关规范[180,181] 的规定，在电气设备的振动台试验中，应首选人工合成地震波作为地震输入，并以此结果作为主要评定依据。美国《变电站抗震设计推荐规程》[182] 中所有变电站电气设备的振动台试验均推荐采用满足规范标准反应谱的人工合成地震波作为地震输入。

电气设备试验用人工地震动合成主要是根据给定的需求反应谱（目标谱或期望谱），近似计算出人造地震动的功率谱，再由功率谱得到傅里叶幅值谱加上随机相位作傅里叶逆变换并加上强度包络线，便可得到近似人工地震动。随后计算其反应谱，用目标谱与计算谱的比值修改傅里叶值谱，从新生成人造地震动，不断进行循环迭代，直到最后得到的人造地震动加速度时程的反应谱与目标谱在控制频率点处的误差处于允许的范围内。

目前，在工程设计中和分析中常用的方法是拟合目标谱法，其基本思路是用一组三角级数之和构造一个近似的平稳高斯过程，然后乘以强度包络线，以得到非平稳的地面运动加速度时程。利用零均值的高斯平稳随机过程 $\ddot{x}_0(t)$ 表示地面加速度，在体系弹性反应过程 $\ddot{x}_r(t)$ 的平稳阶段，由随机振动理论以及泊松跨越假定可得单自由度系统在持续时间 T 内的最大反应的概率分布函数为[183]：

$$F_y(y_m) = P(y \leqslant y_m; 0 \leqslant t \leqslant T) = \exp\left[-\frac{T}{\pi}\sqrt{\frac{\alpha_2}{\alpha_0}}\exp\left(-\frac{y_m^2}{2\alpha_0}\right)\right] \tag{7-1}$$

式中　　α_i——为谱参数，$\alpha_i = \int_{-\infty}^{\infty} p^i \cdot S_{\ddot{x}_r}(\omega, p)\mathrm{d}p$；

$S_{\ddot{x}_r}(\omega, p)$——为与目标谱相对应的功率谱。

故最大反应的概率密度为：

$$P(y_m) = \frac{\mathrm{d}F(y_m)}{\mathrm{d}y_m} \tag{7-2}$$

用 r 表示超越概率，则有：

$$r = \int_{S_a}^{\infty} P(y_m)\mathrm{d}y_m = 1 - \exp\left[-\frac{T}{\pi}\sqrt{\frac{\alpha_2}{\alpha_0}}\exp\left(-\frac{S_a^2}{2\alpha_0}\right)\right] \tag{7-3}$$

于是，有：

$$S_a^2 = -2\alpha_0\ln\left[-\frac{\pi}{T}\sqrt{\frac{\alpha_0}{\alpha_2}}\ln(1-r)\right] \tag{7-4}$$

由于：

$$S_{\ddot{x}_r}(\omega, p) = |H(\omega, p)|^2 S_{\ddot{x}_0}(p) \tag{7-5}$$

故可得：

$$\alpha_i = \int_{-\infty}^{\infty} p^i |H(\omega, p)|^2 S_{\ddot{x}_0}(p)\mathrm{d}p \tag{7-6}$$

在 $p = \omega$ 附近，功率谱变化比较缓慢，可认为 $\alpha_0 \cong \frac{\pi\omega}{2\zeta}S_{\ddot{x}_0}(\omega)$，$\alpha_2 \cong \frac{\pi\omega^3}{2\zeta}S_{\ddot{x}_0}(\omega)$

将其带入式（7-4）可得，

$$S_{\ddot{x}_0}(\omega) = \frac{\zeta}{\pi\omega}S_a^2(\omega)/\ln\left[-\frac{T}{2T_d}\ln(1-r)\right] \tag{7-7}$$

上式即为平稳过程地震动反应谱与功率谱间的近似转换关系式。采用三角级数迭加的方法合成人工波，随机数学模型为：

$$\ddot{x}_a(t) = f(t) \cdot \ddot{x}_0(t) \tag{7-8}$$

$$\dot{x}_0(t) = \sum_{i=1}^{n} A(\omega_i)\sin(\omega_i t + \varphi_i) \tag{7-9}$$

式中　　φ_i——随机相位角，假定是在（0，2π）间分布均匀且互相独立的随机向量；

　　　　ω_i——圆频率，$\omega_i = i \cdot \Delta\omega$；

　　$A(\omega_i)$——振幅，$A(\omega_i) = \sqrt{4S_{\ddot{x}_0}(\omega_i) \cdot \Delta\omega}$；

　　$\ddot{x}_0(t)$——高斯平稳过程，其功率谱密度函数为 $S_{\ddot{x}_0}(\omega)$；

　　$f(t)$——时间强度包络函数。

为了更好的拟合于平滑的目标谱，可将功率谱作如式（7-10）修正，并利用反应谱转人工波程序导入目标反应谱生成适用于电气设备试验所需人工地震波。

$$S'_{\ddot{x}_0}(\omega) = S_{\ddot{x}_0}(\omega)\left(\frac{S_a(\omega)}{S_{ac}(\omega)}\right)^2 \tag{7-10}$$

式中　　$S'_{\ddot{x}_0}(\omega)$——为修正后的功率谱；

$S_{\ddot{x}_0}(\omega)$——为原功率谱；

$S_a(\omega)$——为标准反应谱；

$S_{ac}(\omega)$——为拟合反应谱。

7.3.2 电气设备人工合成地震动

本书研究的电气设备人工合成地震动主要根据《高压开关设备和控制设备的抗震要求》GB/T 13540—2009 的抗震水平要求，表 7-4。

开关设备及其成套装置的抗震性能水平（水平方向） 表 7-4

抗震水平	零周期加速度（ZPA,g）	对应地震烈度
AG5	0.5	＞Ⅸ
AG3	0.3	Ⅷ～Ⅸ
AG2	0.2	＜Ⅷ

注：对于垂直方向地震烈度，方向系数为 0.5。

表 7-5 为开关设备和控制设备抗震性能水平 AG2（ZAP＝0.2g）所要求的响应频谱值（图 7-2）。

AG2 要求的响应频谱值 表 7-5

频率（Hz）	加速度幅值（g）			
	阻尼比（2%）	阻尼比（5%）	阻尼比（10%）	阻尼比 20% 及更大
0.5	0.17	0.12	0.08	0.06
1.0	0.34	0.22	0.17	0.12
2.4	0.56	0.34	0.26	0.20
9.0	0.56	0.34	0.28	0.24
20.0	0.30	0.28	0.26	0.21
≥25.0	0.20	0.20	0.20	0.20

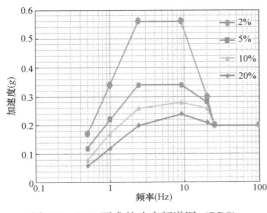

图 7-2 AG2 要求的响应频谱图（RRS）

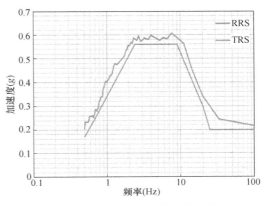

图 7-3 人工合成地震动反应谱

107

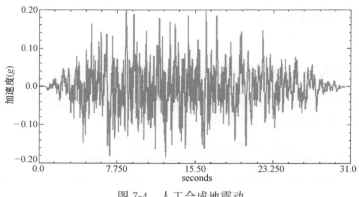

图 7-4　人工合成地震动

图 7-4 是依据电气设备抗震水平要求 AG2，阻尼比 $\zeta=0.02$ 所对应的反应谱（RRS），生成的人工合成地震动，加速度峰值为 0.2g，总持时为 31s，其中强震段为 20s。同时并应保证试验人工地震动的反应谱（TRS）可以包络国家标准要求的反应谱（RRS），如图 7-3 所示。

7.4　电气设备地震模拟振动台试验

电气设备是电力系统的关键组成部分，设备形式众多（图 7-5），结构形式各异，使用地域广泛，使得电气设备抗震性能研究具有独特性，一直是科学研究的热点[184-190]。随着近年来地震频发不断，大量震害表明了电气设备抗震性能研究的必要性和急迫性，研究方向也从数值分析转到地震模拟振动台试验以及二者研究相结合、相互辅助，不断充实完善电气设备抗震研究体系。

（a）　　　　　　　　　　　　　　　　　　　（b）

图 7-5　电气设备图（一）
（a）干式电抗器；（b）电容式直流套管

(c)　　　　　　　　　　　　　　　　　　　　(d)

图 7-5　电气设备图（二）

(c) 开关设备振动台；(d) 避雷器套管

7.4.1　试验概况

根据国内外学者对大量变电站设备地震后破坏程度研究分析发现，GIS 设备是最适合在地震多发地区或国家使用的变电设备，这种组合电器将断路器、互感器、隔离开关、接地开关、避雷器、控制机关、母线及出线终端等部件全部封闭在金属接地外壳中，并充入绝缘保护气体 SF_6 的电气设备，所有变电组件成为一个整体，拥有了较大的刚度，一定程度上避开了地震卓越周期，更具有占地面积小、可以到达较高电压、结构容量大、结构组成灵活及便于安装等优点，广泛应用在地震多发地区，如图 7-6 所示。

本书地震模拟振动台试验研究对象为一组 ZF33-126 型 GIS 电气设备，如图 7-7 所示。

图 7-6　气体绝缘全封闭组合开关图

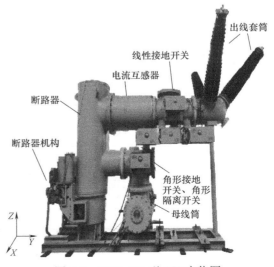

图 7-7　ZF33-126 型 GIS 实物图

设备主体高约 4m，沿 Y 方向长约 4m，沿 X 方向长约 2.5m，材料以铝合金为主。此外，设备上端部还安装有三个陶瓷绝缘出线套筒，套筒长约 1.5m，分别与水平面成 45°角倾斜向上。

7.4.2　地震波选择及工况

本书地震模拟振动台试验采用加速度峰值为 0.05g、频率范围为 0～50Hz 的白噪声随机波分别对设备 X、Y 两个方向进行激振，通过对设备关键部位的加速度传递函数进行识别，探查其自振特性。

抗震性能试验地震波是基于《高压开关设备和控制设备的抗震要求》GB/T 13540—2009 标准来选择的，分别为人工波、Elcentro 波，由于电气设备的基本频率大部分为 1～10Hz，因此人工波和 Elcentro 波能够充分激励设备部件。人工波如图 7-4 所示，Elcentro 波见图 7-8 所示。本次试验具体试验工况见表 7-6。

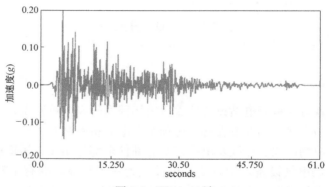

图 7-8　Elcentro 波

试验工况　　　　　　　　　　　　　　　　　　　　　　　　　　表 7-6

工况	激励方向	激励	幅值(g)
1	X	白噪声	0.05
2	Y	白噪声	0.05
3	X	人工波	0.2
4	Y	人工波	0.2
5	X	Elcentro 波	0.2
6	Y	Elcentro 波	0.2
7	X	白噪声	0.05
8	Y	白噪声	0.05
9	X	人工波	0.4
10	Y	人工波	0.4
11	X	Elcentro 波	0.4
12	Y	Elcentro 波	0.4
13	X	白噪声	0.05
14	Y	白噪声	0.05

7.4.3 设备的安装固定及测点布置

根据国家标准《电工电子产品环境试验 第 3 部分：试验导则 地震试验方法》GB/T 2424.25—2000 的规定[191]，GIS 电气设备与振动台台面进行刚性连接，如图 7-9 所示。

根据国家标准《高压开关设备和控制设备的抗震要求》GB/T 13540—2009 和《电工电子产品环境试验 第 3 部分：试验导则 地震试验方法》GB/T 2424.25—2000 的规定和要求，以及 GIS 电气设备的特点，本次试验共布置了 9 个加速度测点，分别在台面、支架底部、外壳顶部、1♯套管顶部、2♯套管顶部、3♯套管顶部；5 个位移测点，分别在断路器顶部、互感器顶部、1♯套管顶部、2♯套管顶部、3♯套管顶部；在套管根部的瓷件上布置应变片 3 个应变测点，以上每个测点均包括 X、Y 两个方向，测点布置如图 7-10 所示。

图 7-9 GIS 电气设备安装与固定图

图 7-10 GIS 电气设备测点布置图

7.4.4 电气设备地震模拟振动台试验控制系统参数研究

在电气设备地震模拟振动台试验中，为更好使台面输出信号更趋近于参考信号，具有更高的重复性和精度要求，从而可以保证人工地震波的反应谱（TRS）可以包络国家标准要求的反应谱（RRS），需要对控制系统进行参数研究。对于人工合成地震动等随机波，主要用到三参量（TVC）调节，自适应逆控制（AIC）参数调节和实时迭代（OLI）参数调节。

（1）三参量（TVC）

由于系统及试件自身动力特性等因素，将对地震模拟振动台控制系统产生一定的影响，最主要的就是使系统的油柱共振频率发生变化。为了消除系统的油柱共振等影响因素，需要重新对控制系统进行三参量（TVC）参数进行调节（图 7-11），更新地震模拟振动台控制系统频响特性，以保证控制系统的精度。

图 7-12 分别为 X、Y 方向在三参量（TVC）调节前地震模拟振动台控制系统的频响特性曲线。从图中可以看出，台面安装试件后，X 方向油柱共振频率为 11.8Hz，Y 方向油柱共振频率为 14.1Hz，相比较空载下地震模拟振动台系统都有稍许的变化。

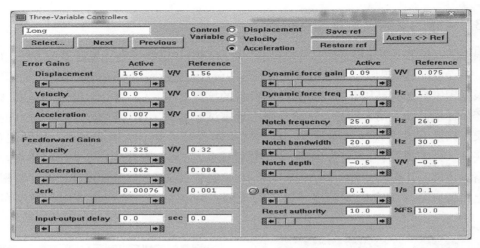

图 7-11　三参量（TVC）参数调节界面

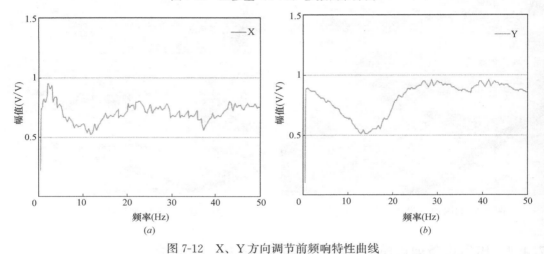

图 7-12　X、Y 方向调节前频响特性曲线

（a）X 方向调节前频响特性曲线；（b）Y 方向调节前频响特性曲线

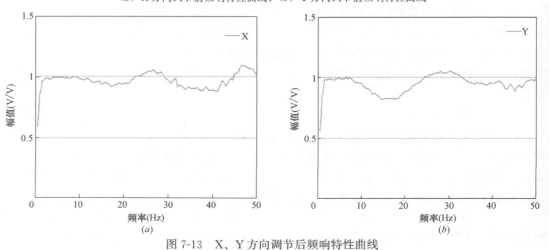

图 7-13　X、Y 方向调节后频响特性曲线

（a）X 方向调节后频响特性曲线；（b）Y 方向调节后频响特性曲线

图 7-13 分别为 X、Y 方向在三参量（TVC）调节后地震模拟振动台控制系统的频响特性曲线。从图中可以看出，两个方向的频响特性曲线更为平滑，幅值都大致接近于 1，可使控制系统命令信号和反馈信号更为一致。

（2）自适应逆控制（AIC）参数调节

在控制系统三参量（TVC）参数调节调节的基础上，为了控制系统的控制精度更高，系统频响特性曲线更接近 1，可以使用自适应逆控制（AIC）参数调节（图 7-14）。调节后的地震模拟振动台频响特性曲线如图 7-15 所示。

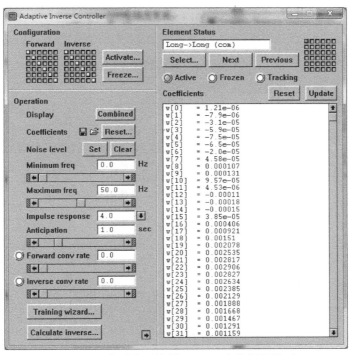

图 7-14　自适应逆控制（AIC）参数调节界面

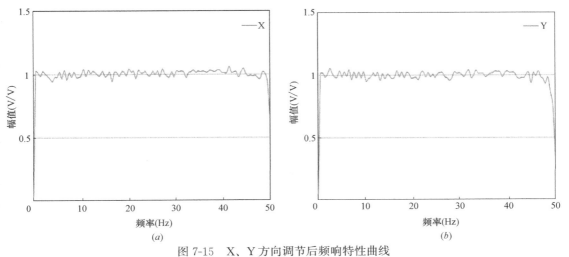

(a)

(b)

图 7-15　X、Y 方向调节后频响特性曲线

（a）X 方向调节后频响特性曲线；（b）Y 方向调节后频响特性曲线

图 7-15 分别为 X、Y 方向在自适应逆控制（AIC）参数调节后地震模拟振动台控制系统的频响特性曲线。从图中可以看出，两个方向的频响特性曲线较三参量（TVC）调节后地震模拟振动台控制系统的频响特性曲线幅值都接近于 1，表明了控制系统的输出和输入更为吻合，控制精度更高。

（3）实时迭代（OLI）参数调节

在电气设备抗震性能试验中，为保证试验时人工地震波的反应谱（TRS）可以包络国家标准要求的反应谱（RRS），应对地震波进行实时迭代（OLI）参数调节如图 7-16 所示，以满足抗震试验的要求。

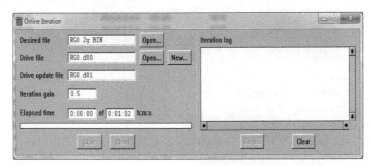

图 7-16　实时迭代（OLI）参数调节界面

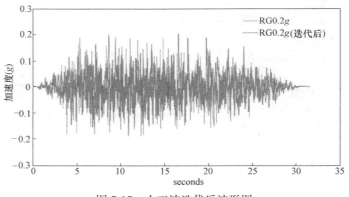

图 7-17　人工波迭代后波形图

图 7-17 为试验时采用实时迭代（OLI）后人工波迭代波形图，计算迭代前后人工波的相干系数为 0.96，从而保证了波形的重复性。同时在实际试验输入时需再增加 10% 的裕度，以保证人工地震波的反应谱（TRS）可以包络国家标准要求的反应谱（RRS），以满足电气设备抗震要求。

7.4.5　试验结果分析

（1）动力特性

本书采用半功率法求解结构阻尼，结构设备的自振频率可通过结构响应与输入信号间的传递函数而求得，即结构受简谐振动的干扰时所产生的稳态响应与干扰的比值[192,193]。振动台试验前、后的设备的自振频率和阻尼比见表 7-7～表 7-9。

设备自振特性（第一次白噪声）　表 7-7

方向	自振频率 f（Hz）	峰值 ρ_{max}	阻尼比 ζ（%）
X	3.85	0.165g	3.76
Y	9.23	0.076g	7.30

　　表 7-7 为抗震试验前进行的第一次动力探查试验，从表中可以看出去，测得 X 方向一阶频率为 3.85Hz，Y 方向一阶频率为 9.23Hz。

设备自振特性（第二次白噪声）　表 7-8

方向	自振频率 f（Hz）	峰值 ρ_{max}	阻尼比 ζ（%）
X	3.77	0.169g	3.58
Y	8.92	0.081g	7.09

　　表 7-8 为抗震水平要求 0.2g 后进行的第二次动力特性探查试验，测到 X 方向一阶频率为 3.77Hz，Y 方向一阶频率为 8.92Hz。

设备自振特性（第三次白噪声）　表 7-9

方向	自振频率 f（Hz）	峰值 ρ_{max}	阻尼比 ζ（%）
X	3.72	0.172g	3.54
Y	8.84	0.078g	7.01

　　表 7-9 为抗震水平要求 0.4g 后进行的第三次动力特性探查试验，测得 X 方向一阶频率为 3.72Hz，Y 方向一阶频率为 8.84Hz。从三次动力探查试验数据来看设备整体在试验前后的自振频率、阻尼比等动力特性变化很小，表明 GIS 设备在试验前后结构没有出现结构损坏，刚度没有减小，具备了良好的抗震性能。

　　（2）加速度时程分析

　　本次试验所得 GIS 设备关键部位的加速度反应峰值及其放大系数见表 7-10 和表 7-11，并给出反应较大的 3♯ 套管加速度时程曲线，如图 7-18 和图 7-19 所示。

加速度响应峰值及放大系数（PGA=0.2g）　表 7-10

激励方向	项目	人工波		Elcentro 波	
		峰值（g）	放大系数	峰值（g）	放大系数
X	台面	0.189	—	0.210	—
	支架底部	0.231	1.22	0.246	1.17
	外壳顶部	0.280	1.481	0.315	1.501
	1♯套管顶部	0.536	2.837	0.574	2.733
	1♯套管根部	0.392	2.073	0.415	1.978
	2♯套管顶部	0.578	3.057	0.661	3.146
	2♯套管根部	0.406	2.152	0.446	2.125
	3♯套管顶部	0.673	3.564	0.779	3.711
	3♯套管根部	0.587	3.105	0.624	2.974

激励方向	项目	人工波		Elcentro 波	
		峰值(g)	放大系数	峰值(g)	放大系数
Y	台面	0.196	—	0.205	—
	支架底部	0.199	1.01	0.208	1.01
	外壳顶部	0.193	0.987	0.206	1.005
	1♯套管顶部	0.239	1.218	0.245	1.197
	1♯套管根部	0.203	1.036	0.215	1.051
	2♯套管顶部	0.268	1.370	0.252	1.229
	2♯套管根部	0.213	1.085	0.211	1.028
	3♯套管顶部	0.268	1.368	0.272	1.329
	3♯套管根部	0.232	1.186	0.218	1.063

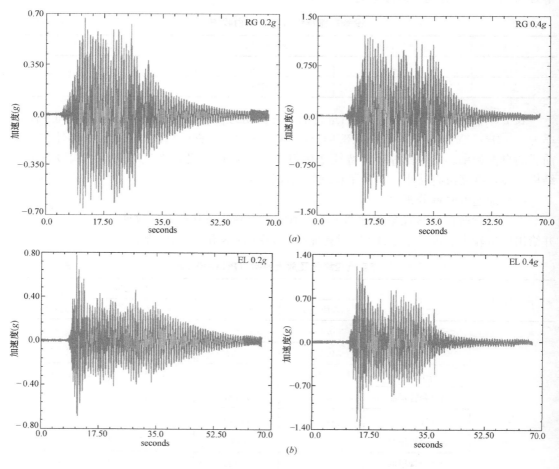

图 7-18　3♯套管加速度时程曲线图

（a）人工波；（b）ELCentntro 波

由表 7-10 可知：在 PGA＝0.2g 水平地震动输入下，GIS 设备外壳顶部 X、Y 向放大系数的最大值分别为 1.501 和 1.005。套管根部 X、Y 向加速度放大系数最大值分别为 2.974 和 1.063。套管顶部 X、Y 向放大系数的最大值分别为 3.711 和 1.329。从上述数据可以看出，X 向的数值均远大于 Y 向数值，这主要是由于对于单个 GIS 设备来说，Y 向刚度比 X 向刚度大，速度响应相比较小，而 GIS 设备在实际使用时，是多个设备连接并用，以及 GIS 设备瓷质套管根部安装有支架与底座连接，均起到一定的支撑和约束作用。

因此，在 PGA＝0.2g 抗震水平要求下，除套管顶部加速度放大系数较为明显外，其他部位的加速度放大系数值均在合理的范围内，表明了 GIS 设备具备良好的抗震性能。

加速度响应峰值及放大系数（PGA＝0.4g）　　　　　　　表 7-11

激励方向	项目	人工波		Elcentro 波	
		峰值(g)	放大系数	峰值(g)	放大系数
X	台面	0.410	—	0.390	—
	支架底部	0.445	1.08	0.413	1.06
	外壳顶部	0.601	1.467	0.579	1.485
	1♯顶部	1.153	2.812	1.057	2.710
	1♯根部	0.815	1.988	0.764	1.958
	2♯顶部	1.240	3.024	1.205	3.089
	2♯根部	0.872	2.126	0.855	2.085
	3♯顶部	1.428	3.483	1.387	3.557
	3♯根部	1.057	2.578	1.020	2.614
Y	台面	0.395	—	0.381	—
	支架底部	0.402	1.017	0.410	1.076
	外壳顶部	0.412	1.043	0.401	1.052
	1♯顶部	0.490	1.241	0.467	1.226
	1♯根部	0.408	1.033	0.421	1.104
	2♯顶部	0.507	1.283	0.531	1.395
	2♯根部	0.405	1.025	0.410	1.076
	3♯顶部	0.536	1.357	0.515	1.352
	3♯根部	0.454	1.150	0.458	1.202

由图 7-18 及表 7-11 可知：在 PGA＝0.4g 水平地震动输入下，GIS 设备外壳顶部 X、Y 向放大系数的最大值分别为 1.485 和 1.076；套管根部 X、Y 向加速度放大系数最大值分别为 2.614 和 1.202；套管顶部 X、Y 向放大系数的最大值分别 3.089 和 1.352。从上述数据可以看出，X 向的数值均远大于 Y 向数值，主要由于 X 向刚度比 Y 向刚度小，其加速度响应更为显著。因此，在 PGA＝0.4g 抗震水平要求下，除套管顶部加速度放大系数较为明显外，其他部位的加速度放大系数值均在合理的范围内，表明了 GIS 设备具备良好的抗震性能。

（3）位移时程分析

试验所得 GIS 设备关键部位的位移峰值见表 7-12，并给出反应较大的 3♯套管顶部位移时程曲线，如图 7-19 所示。

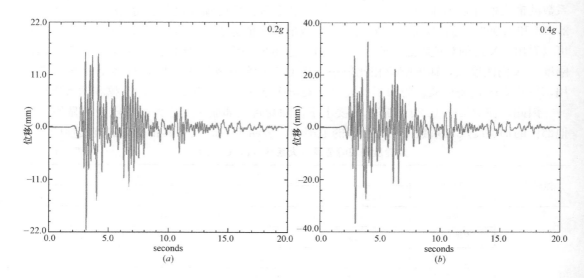

图 7-19　3#套管位移时程曲线图
（a）PGA＝0.2g；（b）PGA＝0.4g

测点的位移峰值（mm）　　　　　　　　　表 7-12

地震输入		方向	断路器顶	互感器顶	1#顶部	2#顶部	3#顶部
0.2g	人工波	X	8.35	7.42	17.61	15.34	21.33
		Y	1.29	0.94	2.21	1.92	2.73
	Elcentro 波	X	11.64	9.88	19.27	21.64	18.35
		Y	1.53	1.15	2.47	2.67	2.29
0.4g	人工波	X	14.46	12.53	29.42	26.08	33.52
		Y	1.98	1.67	3.50	2.86	3.15
	Elcentro 波	X	13.82	11.03	32.76	36.79	37.27
		Y	1.76	1.57	3.53	3.71	3.44

　　由表 7-12 可知：1）随着输入地震动幅值的增大，设备各部分所产生的位移值越大；在相同地震输入下，套管顶部的位移值均大于设备主体外壳顶部的位移。2）输入幅值与波形相同时，设备在 X 向激励下产生的变形比 Y 向大很多，说明动力放大效应在 X 方向表现更显著，产生这种现象是由于设备平面外的刚度较平面内的要大很多的缘故。因而设计过程中须重点考虑其 X 向位移，采取必要的措施，以防设备间由于非同相位的运动而将套管拉坏。

　　（4）应变响应分析

　　大量震害实例表明[194,195]，隔离开关等电气设备在地震中的破坏主要表现为电瓷瓶的中部或者根部截面处因应力过大而导致断裂失效，尤其是瓷瓶与法兰连接的部位。因此在 GIS 设备的抗震能力考核中，考核套管根部的应变或应力是验证设备抗震性能的重要方式。试验中套管根部应变峰值见表 7-13。

套管根部应变峰值（$\mu\varepsilon$）　　　　　　　　表 7-13

工况		1#套管		2#套管		3#套管	
		X	Y	X	Y	X	Y
0.2g	人工波	54	20	57	21	70	18
	Elcentro 波	71	16	89	25	65	24
0.4g	人工波	119	29	128	36	146	33
	Elcentro 波	139	27	134	25	131	30

由表 7-13 可见，在 X 向加速度峰值 0.2g 的 Elcentro 波激励下，套管产生的最大应变为 $89\mu\varepsilon$，套管的瓷瓶所用材料的弹性模量约为 1×10^5MPa，计算出套管根部的最大应力为 8.9MPa；在 X 向人工波激励下，套管产生的最大应变为 $70\mu\varepsilon$，套管根部的最大应力为 7MPa，材料容许应力值为 40Mpa，最小安全系数为 5.71＞1.67。

在 X 向加速度峰值 0.4g 的人工地震波的激励下，套管根部产生的最大应变峰值为 $146\mu\varepsilon$，计算出套管根部的最大应力为 14.6MPa，则最小安全系数为 2.73＞1.67。在此次试验中 GIS 设备的套管未出现破坏现象，表明套管具有较好的抗震能力，可以满足 0.4g 的抗震水平要求。

附录 A 地震模拟振动台一览表

我国的地震模拟振动台　　　　　　　　表 A-1

序号	设置单位	台面尺寸(m)	最大载荷(t)	频率范围(Hz)	最大位移(mm)	最大速度(cm/s)	最大加速度(g)	驱动方式	振动方向
1	中国科学院工程力学研究所	12×3.3	20	0～40			1.00	机械	X
2	核动力院	6×6	60	0.1～50	±250 ±250 ±250	80 80 80	1.0 1.0 1.0	电液伺服	X、Y 和 Z
3	中国建筑科学院工程抗震研究所	6.1×6.1	60	0.1～50	±150 ±250 ±100	100 100 80	1.5 1.0 0.8	电液伺服	X、Y 和 Z
4	中国地震局工程力学研究所	5×5	30	0.1～50	±80 ±80 ±80	60 60 60	1.0 1.0 1.0	电液伺服	X、Y 和 Z
5	水利水电研究院	5×5	20	0.1～120	±40 ±40 ±30	40 40 30	1.0 1.0 0.7	电液伺服	X、Y 和 Z
6	上海青年文化活动中心	5×5	5	0.1～15	±100 ±80	50 50	0.5 0.5	电液伺服	X、Y
7	上海同济大学	4×4	25	0.1～50	±100 ±50 ±50	100 60 60	1.2 0.8 0.7	电液伺服	X、Y 和 Z
8	哈尔滨工业大学	4×3	15	0.1～25	±125	60	1.0	电液伺服	X
9	中国建筑科学院工程抗震研究所	3×3	15	0.1～20	±100	40	1.0	电液伺服	X
10	机械工业部抗震研究室	3×3	15	0.4～30	±70	45	1.0	电液伺服	X
11	大连理工大学	3×3	10	0.2～50	±75	50	1.0	电液伺服	X、Z
12	武汉理工大学	3×3	10	0.4～40	±100	50	1.0	电液伺服	X
13	河海大学	2.8×2	15	0.1～120	±50 ±34	50 34	1.2 0.8	电液伺服	X、Z
14	四川建筑科学研究院	2.6×1.8	5	1～30	±25		2.5	电液伺服	X、Y 和 Z
15	南京水利科学研究院	2×2	1	10～300	±5		1.0	电动	X

续表

序号	设置单位	台面尺寸(m)	最大载荷(t)	频率范围(Hz)	最大位移(mm)	最大速度(cm/s)	最大加速度(g)	驱动方式	振动方向
16	云南工业大学	2×1.5		0.5~80				电液伺服	X、Z
17	大连理工大学	4×3	10	0.1~50	±75 ±50	50 35	1.0 0.7	电液伺服	X、Z
18	铁道科学研究院抗震所	2×1.5	2	0~80	±50 ±50	80 80	2.0 1.0	电液伺服	X、Z
19	工业和信息化部电信研究院	2.5×2.5	3	0.1~80	±300 ±300 ±200	200 200 140	2.5 2.5 1.75	电液伺服	X、Y 和 Z
20	工业和信息化部电信研究院	2×1.5	2	0.4~50	±50 ±50	30 20	2.0 1.0	电液伺服	X、Z
21	上海同济大学	2×1	1.5	0.1~52	±70	60	1.3	电液伺服	X
22	中国建筑科学研究院地基所	1.5×1	3	0.1~30	±100	60		电液伺服	X
	中国地震局力学研究所	1.2×1.2	0.75	0~50	±100	80		电液伺服	X
23	国家汽车及综合电器检测中心	4×4	20	0.1~50	±300	150	1.5	电液伺服	X、Y 和 Z
24	昆明理工大学	4×4	20	0.1~50	±150 ±150 ±100		1.0 1.0 0.8	电液伺服	X、Y 和 Z
25	南京工业大学	3×5	15	0.1~50	±120	50	1.0	电液伺服	X
26	河海大学	5.6(直径)	20	0~100	±150 ±100 ±100	100 100 100	2.0 2.0 1.9	电液伺服	X、Y 和 Z
27	广州大学	3×3	20	0.1~50	±100 ±100 ±50	100 100 100	1.0 1.0 2.0	电液伺服	X、Y 和 Z
28	东南大学	6×4	20	0.1~50	±250		1.5	电液伺服	X
29	山东建筑大学	3×3	10	0.1~50	±125 ±125 ±125		1.5 1.5 2.0	电液伺服	X、Y 和 Z
30	兰州理工大学	4×4	20	0.1~50	±100 ±100 ±50		1.2 0.8 0.7	电液伺服	X、Y 和 Z
31	苏州电器科学研究院股份有限公司	10×4	80	0.1~100	±300 ±300 ±150		7.0 7.0 7.0	电液伺服	X、Y 和 Z
32	河北工程大学	3×3	10	0.1~50	±100	100	1.2	电液伺服	X
33	广西大学	3×3	10	0.1~50	±100	100	1.3	电液伺服	X
34	台湾国家地震工程研究中心	5×5	50	0~20	±250 ±100 ±100	10 60 50	1.0 3.0 1.0	电液伺服	X、Y 和 Z

日本的地震模拟振动台　　　　　　　　　　　　　　　　　　　表 A-2

序号	设置单位	台面尺寸(m)	最大载荷(t)	频率范围(Hz)	最大位移(mm)	最大速度(cm/s)	最大加速度(g)	驱动方式	振动方向
1	日本防灾科学技术研究所	20×15	1200	0～50	±1000 ±1000 ±500	2000 2000 700	0.9 0.9 1.5	电液伺服	X、Y和Z
2	爱知工业大学	11×6	136	0～50	±150	100	1.0	电液伺服	X
3	电力中央研究所	5×5	60	0～50	±500	150	1.0	电液伺服	X
4	藤田公司	4×4	25	0～50	±500	150	1.0	电液伺服	X
5	狭间有限公司	6×4	80	0～50	±300 ±150 ±100	115 115 115	2.0 0.3 0.2	电液伺服	X、Y和Z
6	鹿岛建设公司	5×5	50	0～60	±200 ±200 ±100	100 100 50	2.0 2.0 2.0	电液伺服	X、Y和Z
7	熊谷组有限公司	5×5	64	0～70	±80 ±260 ±50	60 150 50	3.0 1.0 1.0	电液伺服	X、Y和Z
8	国立防灾科学技术中心	15×15	X:500 Z:200	0～50	±30 ±30	37 37	0.55 1.00	电液伺服	X或Z
9	原子能工程试验中心	15×15	1000	0～30	±200 ±100	75 37.5	1.8 0.9	电液伺服	X和Z
10	日本国有铁道研究所	12×8	400	0～20	±50	40	0.8	电液伺服	X
11	东京大学生产技术研究所	10×2	170	0.1～10	±100	60	0.4		X
12	日本国有铁道技术研究所	10×2	100	0～20	±30	12.2	0.4	电液伺服	X
13	建设省土木研究所	8×8	300	0～30			2.0	电液伺服	X、Y和Z
14	建设省土木研究所	6×8	100	0～30	±75	60	0.7	电液伺服	X
15	电力中央研究所	6×6.5	125	0～20	±50	60	0.8	电液伺服	X
16	科学技术厅国立防灾科学中心	6×6	75	0～50	X:±100 Y:±100 Z:±50	80 80 60	1.2 1.2 1.0	电液伺服	X、Y和Z
17	三菱重工业公司高砂研究所	6×6	80	0～50	X:±50 Y:±50	42 42	0.6 0.6	电液伺服	X和Y
18	农业省国立农业工程研究所	6×3.2	30	0～50	±50	32	0.4	电动	X
19	运输省港湾研究所	5.5×2	17		±50	15	0.5	电动	X
20	东芝电子株式会社	5×5	20	0～30	X:±75 Z:±38	40 25	1.0 0.7	电液伺服	X和Z
21	清水建设研究所	5×4	12	0～50	±100	7	1.0	电液伺服	X

续表

序号	设置单位	台面尺寸(m)	最大载荷(t)	频率范围(Hz)	最大位移(mm)	最大速度(cm/s)	最大加速度(g)	驱动方式	振动方向
22	大成建设技术研究所	4×4	20		X：±100 Y：±100 Z：±50			电液伺服	X、Y 和 Z
23	鹿岛建设研究所	4×4	20	0～30	±150 ±70	114 45.5	1.2 2.0	电液伺服	X 和 Z
24	日立制作所机械研究所	4×4	20	0～30	X：±150 Z：±50	100 50	2.0 2.0	电液伺服	X 和 Z
25	建设省土木研究所	4×4	40	0～100	X：±100 Z：±50	50 20	1.0 1.0	电液伺服	X 和 Z
26	运输省港湾研究所	4×3.5	30		±50	25	0.45	电动	X
27	建设省建设研究所	4×3	20	0～50	±75	60	1.0	电液伺服	X
28	Ohbayashi-gumi 建设研究所	4×3	10		±100		1.0	电液伺服	X
29	东京大学土木工程科	3.6×1.5	40	0.1～10	±100	60	0.4		X
30	京都大学防灾研究所	3×3	12	0.1～30	±100		0.5	电液伺服	X
31	日本电信电话公社武藤野电气通信研究所	3×3	10	0.1～50	5×3		1.0	电液伺服	X 或 Z
32	电力中央研究所土木研究所	3×3	10	0～30	X：±150 Z：±75	60 30	0.8 0.5	电液伺服	X 和 Z
33	三菱重工业公司高砂研究所	3×2.5	20	0～50	±100		0.7	电液伺服	X
34	三菱重工业公司广岛研究所	3×2.5	20	0～50	±120		0.8	电液伺服	X
35	九州大学工学部	3×2	15	0～50	±30		0.5	电液伺服	X
36	建设省土木研究所	3×2(×4)	2.5	0～50	±75	60	0.7	电液伺服	X
37	京都大学防灾研究所	2.5×2.5	8		±50 ±50	50 50	0.5 0.5	电动	X 和 Y
38	日立制作所机械研究所	2×2	3	0～50	X：±50 Z：±50	50 20	1.0 0.5	电液伺服	X 或 Z
39	东京大学建筑工程科	2×1.5	5	0～30	±75	70	0.9	电液伺服	X
40	东京大学生产技术研究所	2×1.5	3	0～30	±75	70	1.5	电液伺服	X
41	中国电力株式会社	1.5×1.5	3	0～20	±50	50	1.0	电液伺服	X
42	通产省工业技术研究院	1.5×1.5	1	0～100	X：±150 Z：±75	60 40	2.0 2.0	电液伺服	X 或 Z
43	电力中央研究所土木研究所	1.5×1.5	0.6	0～20	±50	40	0.8	电液伺服	X

续表

序号	设置单位	台面尺寸（m）	最大载荷（t）	频率范围（Hz）	最大位移（mm）	最大速度（cm/s）	最大加速度（g）	驱动方式	振动方向
44	水资源开发公司试验所	1.5×1	1.2	0～50	±50		1.3	电液伺服	X
45	日立制作所机械研究所	1.2×0.8	1	0～50	±50	40	0.8	电液伺服	X
46	科学技术厅国立防灾科学技术中心	1×1	1	0～50	±50		1.0	电液伺服	X 和 Y
47	日本国有铁道研究所	0.8×0.5	0.2	0～25 0～50 0～50	X：±10 Y：±75 Z：±30	28 66 38	0.9 2.1 1.2		X、Y 和 Z
48	日本公共工程研究所	8×8	300	0～50	±600 ±600 ±300	200 200 100	2.0 2.0 1.0	电液伺服	X、Y 和 Z
49	东急建设公司	4×4	30	0～30	±500 ±200 ±100	150 100 100	1.0 1.0 1.0	电液伺服	X、Y 和 Z
50	运输省港湾研究所	3.4×3.4	55	0～70	±200 ±100	75 50	0.8 1.5	电液伺服	X 和 Y
51	国家农业工程研究所	6×4	45	0～40	±150 ±150 ±150	75 75 75	1.0 1.0 1.0	电液伺服	X、Y 和 Z
52	石川岛播磨重工业公司	4.5×4.5	35		±100 ±100 ±67	75 75 50	1.5 1.5 1.0	电液伺服	X、Y 和 Z
53	西松建设公司	5.5×5.5	65		±500 ±500 ±500	150 150 150	2.0 2.0 2.0	电液伺服	X、Y 和 Z

美国的地震模拟振动台　　　　　　　　　　　　表 A-3

序号	设置单位	台面尺寸（m）	最大载荷（t）	频率范围（Hz）	最大位移（mm）	最大速度（cm/s）	最大加速度（g）	驱动方式	振动方向
1	伊利诺大学（1968）	3.65×3.65	4.5	0～50	±75	38	5.0	电液伺服	X
2	加州大学伯克利分校（1971）	6.1×6.1	45	0～50	±152 ±51	63.5 25.4	0.67 0.22	电液伺服	X 和 Z
3	C.E.R.L Champaign, Ilinois(1973)	3.65×3.65	5.4	0～200	±73 ±35	81.3 68.6	15 30	电液伺服	X 和 Z
4	Union Carbide Oak Ridge Tennessee(1980)	1.83×1.83	7	0～20	±193 ±193	30.5 60.5	0.25 0.25	电液伺服	X 和 Z
5	E. G. &G Ideho Flals, Ideho(1983)	3×3	10	0～30	±152 ±76	63.5 31.5	1.0 0.5	电液伺服	X 和 Z

续表

序号	设置单位	台面尺寸(m)	最大载荷(t)	频率范围(Hz)	最大位移(mm)	最大速度(cm/s)	最大加速度(g)	驱动方式	振动方向
6	ANCO Engineers，Inc	3×3	10	0～40	±200 ±200 ±200	200 200 200	3.0 3.0 3.0	电液伺服	X、Y 和 Z
7	美国航空航天局	3×4.5	1	0～50	±2440	10		电液伺服	X、Y 和 Z
8	美国航空航天局	7.2(直径)	34	5～150	±30.48 ±31.8	33.8 41.7	1.25 1.0	电液伺服	Y 和 Z
9	杜克大学	1.2×1.2	5	0～60	±75	50	5.0	电液伺服	X
10	加州大学圣地牙哥分校	12.2×7.6	2000	0～20	±750	180	1.0	电液伺服	X
11	康涅狄格大学	1.5×1.5	1	0～50	±150		2.0	电液伺服	X
12	伊利诺伊大学厄本那-香槟分校	3.7×3.7	5	0～50	±50	38.1	3.0	电液伺服	X
13	美国伦斯勒理工学院	1.7×2.6	5	0～50	±130	27	2.0	电液伺服	X
14	内华达大学里诺分校	2.75×2.75	50	0～50	±75 ±300 ±100		2.0 4.0 1.0	电液伺服	X 和 Y
15	内华达动态认证实验室有限责任公司	2.0(直径)	4.5	0～100	±140 ±120 ±150	100 100 120	9.8 9.8 10.8	电液伺服	X、Y 和 Z
16	莱斯大学	0.465m²	7	0～50	±75	140	2.0	电液伺服	X
17	美国陆军土木工程研究室	3.6×3.6	45	0～250	±300	130			
18	乔治华盛顿大学-弗吉尼亚校区	3×3	170		20.3 20.3 20.3				

其他国家的地震模拟振动台　　　　　　　　表 A-4

序号	设置单位	台面尺寸(m)	最大载荷(t)	频率范围(Hz)	最大位移(mm)	最大速度(cm/s)	最大加速度(g)	驱动方式	振动方向
1	墨西哥大学墨西哥城	4.5×2.5	20	0～50	±51	38.1	1.2	电液伺服	X
2	加拿大 British 大学哥伦比亚	3×3	16.8	0～50	±75	63.5	1.0	电液伺服	X
3	法国 CEN Saclay	2×2	5	0～200	±120 ±85	100 66	2.0 1.0	电液伺服	X 和 Z
4	南斯拉夫 Kriiland Metodiij 大学	5×5	20	0～30	±125 ±50	60 30	0.67 0.4	电液伺服	X 和 Z
5	伊朗 Arya Mehr 大学	5×5	50	0～50	±50		0.6	电液伺服	X

序号	设置单位	台面尺寸 (m)	最大载荷 (t)	频率范围 (Hz)	最大位移 (mm)	最大速度 (cm/s)	最大加速度 (g)	驱动方式	振动方向
6	伊朗 Pahlavi 大学	4×4	20	0～50	±50		1.1	电液伺服	X
7	意大利 A. M. N.	3.5×3.5	7	0～60	±70 ±70		1.3 0.63	电液伺服	X 和 Y
8	罗马尼亚建筑科学院	15×15	80	0.25～12	±250		0.7	水压伺服	X
9	阿尔及利亚 CGS 实验室	6.1×6.1	60	0～100	±150 ±250 ±100	110 110 100	1.0 1.0 0.8	电液伺服	X、Y 和 Z
10	南非约翰内斯堡金山大学	4×4	10	0～40	±750	100	1.0	电液伺服	X
11	新加坡南洋理工大学	3×3	10	0～50	±120	65	2.0	电液伺服	X
12	印度国立伊斯兰大学	5×	20	0～50	±500		2.0	电液伺服	X
13	印度理工学院古瓦哈蒂分校	2.5×2.5	5	0～100	±500		2.0	电液伺服	X
14	印度科学院	1×1	0.5	0～50	±220 ±220 ±100	57 57 57	3. 3.0 2.0	电液伺服	X、Y 和 Z
15	印度英迪拉甘地原子研究中心	3×3	10	0～100	±100 ±100 ±100	30 30 30	1.5 1.5 1.0	电液伺服	X、Y 和 Z
16	印度理工学院坎普尔分校	1.2×1.8	4	0～50	±75	150	5.0	电液伺服	X
17	伊朗沙力夫理工大学	4×4	30	0～50	±125 ±200	50 80	5.0 4.0	电液伺服	X 和 Y
18	伊朗科技大学	2×0.5	5	0～50	±60		0.65	电液伺服	X
19	韩国机械与金属研究所	4×4	30	0～50	±200 ±200 ±134	75 75 50	1.5 1.5 1.0	电液伺服	X、Y 和 Z
20	法国巴黎东区大学	6×6	10	0～50	±125	80	2.0	电液伺服	X
21	希腊塞萨洛尼基亚里士多德大学	1.2×1.2	15	0～30	±50 ±50			电液伺服	X 和 Y
22	雅典国立技术大学	4×4	10	0～100	±100 ±100 ±100	100 100 100	2.0 2.0 4.0	电液伺服	X、Y 和 Z
23	意大利那不勒斯大学	4×4	20	0～50	±250 ±250	100 100	1.0 1.0	电液伺服	X 和 Y

续表

序号	设置单位	台面尺寸(m)	最大载荷(t)	频率范围(Hz)	最大位移(mm)	最大速度(cm/s)	最大加速度(g)	驱动方式	振动方向
23	意大利电技术实验中心	4×4	30	0～120	±100 ±100 ±100	44 44 44	5.0 5.0 5.0	电液伺服	X、Y 和 Z
24	意大利欧洲地震工程研究中心	5.6×7	140	0～50	±500	220	5.9	电液伺服	X
25	意大利欧洲地震工程研究中心	1.6×4.4	5000	0～20	±500 ±265 ±140	220 60 25	1.8	电液伺服	X、Y 和 Z
26	意大利欧洲地震工程研究中心	1.5×2	50	0～20	±250	118	1.0	电液伺服	X
27	欧洲空间局研究和测试中心	5.5×5.5	22.5	2～100	±70 ±70 ±70	80 80 80	5.0 5.0 5.0	电液伺服	X、Y 和 Z
28	葡萄牙国家工程实验室	5.6×5.6	40	0～20	±175 ±175 ±175	20 20 20	1.8 1.1 0.6	电液伺服	X、Y 和 Z
29	俄罗斯工程科学研究所	5.0×5.0	50	0～40	±70 ±70 ±40	60 60 60	2.0 2.0 2.0	电液伺服	X、Y 和 Z
30	西班牙公共工程研究与实验中心	3.0×3.0	10	0～60	±100 ±100 ±50	1.0 1.0 2.0	1.0 1.0 2.0	电液伺服	X、Y 和 Z
31	伊斯坦布尔技术大学	2.35×2.35	30	0～8	±325	125	2.0	电液伺服	X
32	保加利亚数值和动态模型试验实验室	0.05×0.36	0.01	0～50	±30	30	0.5	电动	X
33	英国布里斯托大学地震工程研究中心	3.0×3.0	17	0～100	±150 ±150 ±150	110 110 110	6.0 6.0 6.0	电液伺服	X、Y 和 Z
34	巴基斯坦白沙瓦工程及技术大学	6.0×6.0	60	0～50	±300 ±300 ±300	110 110 110	1.47 1.47 1.47	电液伺服	X、Y 和 Z
35	墨西哥国立自治大学	4.0×4.0	20	0～60	±150 ±150 ±75	110 110 45	1.0 1.0 1.0	电液伺服	X、Y 和 Z

地震模拟振动台台阵　　　　表 A-5

序号	设置单位	台面尺寸(m)	最大载荷(t)	频率范围(Hz)	最大位移(mm)	最大速度(cm/s)	最大加速度(g)
1	纽约州立大学布法罗分校	2×3.6×3.6	2×50	0～50	±150 ±150 ±75	125 125 50	1.15 1.15 1.15

序号	设置单位	台面尺寸（m）	最大载荷（t）	频率范围（Hz）	最大位移（mm）	最大速度（cm/s）	最大加速度（g）
2	内华达大学里诺分校	3×4.5×4.3	3×45	0～50	±300	127	1.0
					±300	127	1.0
3	美国怀尔实验室	6.1×5.5	27	0～100	±152	89	6.0
		2.7×2.7	4.5	0～100	±250	112	4.5
					±250	112	4.5
					±250	112	4.5
		2.4×2.4	4.5	0～70	±305	116.8	7.0
					±228	83.8	8.0
4	法国原子能署地震机械研究实验室	6×6	100	0～50	±125	70	1.0
					±125	70	1.0
					±100	70	2.5
		4×3	20		±125	100	1.0
		2×2	10		±125	200	1.0
					±100	130	1.0
5	土耳其海峡大学	3×3	10	0～50	±120	65	2.0
		0.7×0.7	1	0～40	±120	120	10
					±120	120	10
					±120	120	10
6	马其顿地震工程与工程地震研究所	5×5	40	0～80	±126	100	3.0
					±60	50	1.5
		1.4×2.5	8	0～80	±100		2.0
7	意大利 ENEA DySCo 虚拟实验室	4×4	30	0～50	±125	50	3.0
					±125	50	3.0
					±125	50	3.0
		2×2	5	0～100	±150	100	5.0
					±150	100	5.0
					±150	100	5.0
8	法国萨克雷大学	3×6×6	3×100	0～100	±1000	100	1.0
					±1000	100	1.0
					±1000	100	1.0
9	韩国釜山国立大学	5×5	30	0～60	±300	100	2.0
					±200	100	2.0
		5×5	300		±300	100	3.0
					±200	100	3.0
		4×4	600		±300	150	2.0
					±200	150	2.0
					±150	100	4.0
10	韩国现代建筑技术开发研究所	2×2	5	0～50	±75	50	1.0
					±75	50	
		5×3	30		±100	50	1.0
11	日本防灾技术研究所	6×6	1100	0～15	±100	200	1.0
		12×12	500	0～50	±220	90	1.0

续表

序号	设置单位	台面尺寸（m）	最大载荷（t）	频率范围（Hz）	最大位移（mm）	最大速度（cm/s）	最大加速度（g）
12	日本鹿岛建设研究所	5×5	50	0～60	±200 ±200 ±100	100 100 50	2.0 2.0 2.0
		4×4	20	0～50	±150 ±75	114 445	2.0 1.0
13	重庆交科院	2×3×6	2×35	0～50	±150 ±150 ±100	80 80 80	1.0 1.0 1.0
14	北京工业大学	3×3	10	0～50	±125 ±125	60 60	1.0 1.0
		9×1×1	9×5	0.4～50	±75 ±75	60 60	1.0 0.8
15	同济大学	4×4×6	2×70 2×30	0～50	±500 ±500	1000 1000	1.5 1.5
16	中南大学	4×4×4	4×30	0～50	±250 ±250 ±160	1000 1000 1000	0.8 0.8 1.6
17	福州大学	3×6	22	0～50	±250	1500	1.5
		2×2.5×2.5	2×10		±250	1000	1.2
18	地震局哈尔滨工力所	5×5	30	0.1～100	±500 ±500 ±200	1500 1500 1000	1.5 1.5 1.2
		3.5×3.5	6			2500 2500 1800	4.0 4.0 3.0
19	中国核动力设计研究院	6×6	50	0～100	±300 ±300 ±200	1500 1500 1200	2.0 2.0 1.5
		3×3	12		±250 ±250 ±200	2500 2500 2800	6.0 6.0 4.0
20	中国台湾地震工程中心（规划）	8×8	150	0～50	±250 ±250	1000 1000	1.0 1.0
		3×3×3	3×25		±200	1000	1.0

参 考 文 献

［1］ 胡聿贤. 地震工程学（第二版）［M］. 北京：地震出版社，2006.

［2］ 焦秀平. 结构抗震的试验方法［J］. 甘肃科技，2009，25（7）：106-108.

［3］ 邱法维，钱稼茹，陈志鹏. 结构抗震试验方法［M］. 北京：科学出版社，1999.

［4］ Williams MS，Blakeborough A. Laboratory testing of structures under dynamic loads：an introductory review［J］. Philos T Roy Soc A 2001；359（1786）：1651-1669.

［5］ Williams MS. Dynamic testing of structures［A］. Newsletter，The Society for Earthquake and Civil Engineering Dynamics 2001，15（3）：5-10.

［6］ 汪强. 基于振动台的实时耦联动力试验系统构建及应用［D］. 北京：清华大学，2010.

［7］ 王进廷，金峰，张楚汉. 结构抗震试验方法的发展［J］. 地震工程与工程振动，2005，25（4）：37-43.

［8］ 邱法维. 结构抗震实验方法进展［J］. 土木工程学报，2004，34（10）19-27.

［9］ 贾贤安. 基于 MTS 的结构抗震试验技术研究［D］. 合肥：合肥工业大学，2007.

［10］ 朱伯龙. 结构抗震试验［M］. 北京：地震出版社，1989.

［11］ 邱法维，潘鹏，宋贻焱等. 结构多维拟静力加载实验方法及控制［J］. 土木工程学报，2001，34（2）：26-32.

［12］ 郑茂金. 粘钢加固钢筋混凝土箱型高墩双向拟静力试验研究［D］. 福州：福州业大学，2011.

［13］ 鲍胜. 钢筋混凝土异形柱框框抗震性能分析［D］. 河北：河北工业大学，2006.

［14］ 田石柱，赵桐. 抗震拟动力试验技术研究［J］. 世界地震工程，2001，17（4）：60-66.

［15］ 邱法维，钱稼茹. 拟动力实验方法的若干应用［J］. 工程力学，1999，16（1）：78-88.

［16］ 陈伯望，王海波. 结构拟动力试验方法综述［J］. 湖南城市学院学报（自然科学版），2004，13（4）：1-4.

［17］ 曹均锋. 钢框架体系拟动力试验及两种实现方法的对比研究［D］. 合肥：合肥工业大学，2007.

［18］ Hakuno M，Shidawara M，Hara T. Dynamic destructive test of a cantilever beam，controlled by an analog-computer，controlled by an analog-computer［J］. Transactions of Japan Society of Civil Engineering，1969，171：1-9.

［19］ Takanashi K. Seismic failure analysis of structures by computer-pulsator online system［J］. Inst. Of Industrial Sci，1974，26（11）：13-25.

［20］ Takanashi K，Nakashima M. Japanese activities on online testing［J］. Journal of Engineering Mechanics，1987，113（7）：1014-1032.

［21］ S. G. Buonopane and R. N. White. Pseudodynamic Testing of Masonry Infilled Reinforced Concrete Frame［J］. Journal of structural engineering，1999，25（6）：578-589.

［22］ 马路. 结构抗震混合试验方法研究［D］. 北京：中国建筑科学研究院，2009.

［23］ 曹忠华. 钢框架半刚性连接整体性能的拟动力试验研究［D］. 合肥：合肥工业大学，2007.

［24］ 郑晓清. 半刚性节点钢框架的拟动力实验与程序分析［D］. 合肥：合肥工业大学，2009.

［25］ 张攀. 钢框架梁柱狗骨式节点受力性能的试验研究及分析［D］. 合肥：合肥工业大学，2007.

［26］ 郑妮娜. 装配式构造柱约束砌体结构抗震性能研究［D］. 重庆：重庆大学，2010.

［27］ 王益群. 基于实时数据采集的结构试验系统的研究与开发［D］. 南京：南京工业大学，2006.

［28］ 赵更岐. 火电厂空冷结构体系风载效应及风参数研究［D］. 西安：西安建筑科技大学，2009.

［29］ 王贡献，李哲，王东等. 大型集装箱起重机地震动力行为试验方法综述［J］. 武汉理工大学学报

（交通科学与工程版），2014（2）：267-272.

［30］ 谭凯. 多自由度结构拟动力试验的耦合分析［D］. 合肥：合肥工业大学，2007.

［31］ 王玉田. 梁端翼缘扩大型连接钢框架抗震性能研究［D］. 西安：西安建筑科技大学，2012.

［32］ 陈立权，王燕，王玉田等. 扩翼式节点钢框架拟动力试验研究［C］//第十一届全国现代结构工程学术研讨会. 北京：中国建筑工业出版社，2011：844-853.

［33］ 赵博，王元清，陈志华等. 多点地震输入下大跨空间结构试验研究与响应分析研究进展［C］//中国钢结构协会结构稳定与疲劳分会第13届学术交流会. 北京：钢结构 2012：184-193.

［34］ 李雁军. 基于 OpenFresco 的远程协同试验方法研究［D］. 哈尔滨：哈尔滨工业大学，2007.

［35］ 鲁传安. 桥梁群桩基础的抗震性能研究［D］. 上海：同济大学，2008.

［36］ 雷红富，苏立. 水利水电工程灾害分析及抗震措施建议［J］. 震灾防御技术，2011，06（2）：116-123.

［37］ Mahin SA，Shing PSB，The walt CR，et al. Psudo-dynamic testing method current status and future directions［J］. Journal of Structural Engineering，1989，115（8）：2113-2128.

［38］ Nakashima M，Kato H，Takaoka E. Development of real-time pseudo dynamic testing［J］. Earthquake Engineering and Structural Dynamics，1992，21：79-92.

［39］ Horiuchi T，Nakagawa M，Sugano M，et al. Development of a real-time hybrid experimental system with actuator delay compensation［C］//11th World Conference on Earthquake Engineering，1996.

［40］ Horiuchi T，Inoue M，Konno T，et al. Real-time hybrid experimental system with actuator delay compensation and its application to a piping system with energy absorber［J］. Earthquake Engineering and Structural Dynamics，1999，28（10）：1121-1141.

［41］ Darby AP，Blakeborough A，Williams MS. Real-time substructure tests using hydraulic actuator［J］. Journal of Engineering Mechanics ASCE 19，125（10）：1133-1139.

［42］ Nakashima M，Masaoka N. Real-time on-line test for MDOF systems［J］. Earthquake Engineering and Structural Dynamics，1999，28（4）：393-420.

［43］ Horiuchi T，Inoue M，Konno T，et al. Development of a real-time Hybrid experimental system using a shaking table［C］//12th World Conference on Earthquake Engineering，Auckland，New Zealand，2000.

［44］ Igarashi A，Iemura H，Suwa T. Development of substructured shaking table test method［C］//12thWorld Conference on Earthquake Engineering，New Zealand，2000.

［45］ Kobayashi H，Tamura K，Tanimoto S. Hybrid vibration experiments with a bridge foundation system model［J］. Soil Dynamics and Earthquake Engineering，2002，22（9-12）：1135-1141.

［46］ 谭晓晶，吴斌. 砖混结构足尺模型的子结构拟动力试验［J］. 结构工程师，2011，27（S）：190-194.

［47］ Blakeborough A，Williams MS，Darby AP，et al. The development of real-time substructure testing［J］. Philos T Roy Soc A，2001，359（1786）：1869-1891.

［48］ Nakashima M. Development potential and limitations of real-time online（pseudo-dynamic）testing［J］. Philos T Roy Soc A，2001，359（1786）：1851-1867.

［49］ 施养杭，袁双喜，罗晓勇. 抗震拟动力试验的若干进展［C］//第四届全国防震减灾工程学术研讨会. 防振减灾工程理论与实践新进展. 2009：353-358

［50］ 汪强，王进廷，金峰等. 实时耦联动力试验中作动器反应迟滞对于试验结果的影响研究［C］//首届全国水工抗震防灾学术会议. 2007：326-332.

［51］ 王燕华，程文襄，陈忠范. 浅谈地震模拟振动台试验［J］. 工业建筑，2008，38（7）：34-36.

[52] 王燕华，程文襄，陆飞等. 地震模拟振动台的发展 [J]. 工程抗震与加固改造，2007，（5）：53-56.

[53] 方重. 模拟地震振动台的近况及其发展 [J]. 世界地震工程，1999，（2）：89-91.

[54] 黄浩华. 地震模拟振动台发展情况介绍 [J]. 世界地震工程，1985，（1）：47-51.

[55] 国外部分特色模拟振动台简介 [EB/OL]. 2015. http：//blog. voc. com.

[56] 王燕华. 地震模拟振动台的研究 [D]. 南京：东南大学，2009. http：//www. docin. com.

[57] 赵晶. 地震模拟振动台的发展及应用 [J]. 四川地震，2014（12）：38-40.

[58] Ogawa N，Ohtani K，Nakamura I，et al. Development of core technology for 3-d 1200 ton large shaking table [C]. 12th World Conference on Earthquake Engineering, Auckland, New Zealand 2000.

[59] Ogawa N，Ohtani K，Katayama T，et al. Construction of a three-dimensional, large-scale shaking table and development of core technology [J]. Philos T Roy Soc A 2001（359）：1725-1751.

[60] 凌贤长. E-Defense 建设与相关研究 [J]. 地震工程与工程振动，2008，24（4）：111-116.

[61] Williams MS. Dynamic testing of structures [C] //Newsletter，The Society for Earthquake and Civil Engineering Dynamics 2001，15（3）：5-10.

[62] Bruneau M，Reinhorn A，Constantinou M，et al. The UB-Node of the NEES network [Z].

[63] 沈德建，吕西林. 地震模拟振动台及模型试验研究进展 [J]. 结构工程师，2006，22（6）：55-63.

[64] 胡宝生. 我国自行研制的第一个大型三向地震模拟振动台 [J]. 世界地震工程，1995（4）：43-46.

[65] 乔涛. 冗余驱动振动台内力分析与控制 [D]. 哈尔滨：哈尔滨工业大学，2008.

[66] 姚建均. 电液伺服振动台加速度谐波抑制研究 [D]. 哈尔滨：哈尔滨工业大学，2007.

[67] 史正强. 液压角振动台信号处理方法研究 [D]. 哈尔滨：哈尔滨工业大学，2008.

[68] 褚衍清. 单轴式地震振动台电液数字伺服系统研究 [D]. 杭州：浙江工业大学，2009.

[69] 赵勇. 液压振动台高精度正弦振动的控制策略研究 [D]. 哈尔滨：哈尔滨工业大学，2009.

[70] 任燕. 2D 阀控缸电液激振器激振波形研究 [D]. 杭州：浙江工业大学，2008.

[71] 许毅. 20T 卧式电液振动台设计及实验研究 [D]. 杭州：浙江工业大学，2009.

[72] 杨现东. 振动台子结构试验的数值仿真分析 [D]. 哈尔滨：哈尔滨工业大学，2007.

[73] 赵盛位. 芯柱式构造柱约束砌体结构振动台试验研究 [D]. 重庆：重庆大学，2010.

[74] 张德武. 三维六自由度地震模拟振动台基础的动力分析与设计计算方法研究 [D]. 西安：西安建筑科技大学，2009.

[75] 徐进荣. 基于 DSP 的地震模拟振动台三参量伺服控制算法研究 [D]. 杭州：浙江大学，2013.

[76] 王晓东. 古代夯土建筑动力响应及抗震保护 [D]. 兰州：兰州大学，2011.

[77] 刘野. 模拟地震振动台基础动力反应分析 [D]. 西安：西安建筑科技大学，2008.

[78] 邹荣. 单向水平地震模拟振动台基础设计与施工研究 [D]. 武汉：华中科技大学，2004.

[79] 肖长志. 地震模拟试验系统控制技术研究 [D]. 哈尔滨：哈尔滨工业大学，2011.

[80] 孙宪春. 地震力作用下结构构件复杂反应特性的实验研究 [D]. 北京：中国地质大学（北京），2008.

[81] 黄宝锋，卢文胜，宗周红. 地震模拟振动台阵系统模型试验方法探讨 [J]. 土木工程学报，2008，41（3）：46-52.

[82] 宗周红，陈亮，黄福云. 地震模拟振动台台阵试验技术研究与应用 [J]. 结构工程师，2011，27（supple）：7-14.

[83] 国巍，余志武，蒋丽忠. 地震模拟振动台台阵性能评估与测试注记 [J]. 科技导报 2013，31

（12）：53-58.

［84］刘志雄. 直流电机转速 LQR＋PID 复合控制研究［J］. 科技致富向导，2013（15）：140.

［85］黄浩华. 电液伺服系统在地震工程中的应用［J］. 测控技术，1996（4）：32-33.

［86］万凯，王萍，朱冬云. 电液振动台控制系统的现状与发展［J］. 仪器仪表用户，2012，19（4）：1-5.

［87］周惠蒙，刘一江，彭楚武. 基于迭代学习控制的网络协同电液振动台研究［J］. 计算机测量与控制，2008，16（6）：808-810.

［88］崔伟清. 地震模拟振动台控制方法及动态特性研究［D］. 杭州：浙江工业大学，2009.

［89］唐贞云，李振宝，纪金豹等. 地震模拟振动台控制系统的发展［J］. 地震工程与工程振动，2009，29（6）：162-169.

［90］陈曦，张伟，曹东兴等. 可伸缩机翼实验装置控制系统设计及振动控制［C］//第十届全国振动理论及应用学术交流会. 2011：455-461.

［91］陈若珠，张波. 地震模拟振动台三参量控制技术的研究［J］. 震灾防御技术，2013，8（2）：181-188.

［92］Tagawa Y, Kajiwara K. Controller development for the E-Defense shaking table［J］. Proceedings of the Institution of Mechanical Engineers Part Ⅰ, Journal of Systems and Control Engineering, 2007, 221（12）：171-181.

［93］Dimirovski GM, Mamucevski DJ, Jurukovski DV, et al. A two-level computer control of biaxial shaking table using three variable local controllers［C］. 10th Triennial World Congress of the International Federation of Automatic Control, 1988, 3：45-50.

［94］Xu Y, Hu HX, Han JW. Modeling and controller design of a shaking table in an active structural control system［J］. Mechanical Systems and Signal Processing, 2008,, 22（8）：1917-1923.

［95］Clark, A. Dynamic Characteristics of large multiple degree of freedom shaking tables［C］//Proceedings of the Tenth World Conference on Earthquake Engineering, Madrid, Spain, 1992：2823-2828.

［96］Kusner DA, Rood JD, Burton GW. Signal reproduction fidelity of servo hydraulic testing equipment［C］//Proceedings of the Tenth World Conference on Earthquake Engineering, Madrid, Spain 1992：2683-2688.

［97］Carydis PG, Mouzakis HP, Vougioukas EA, et al. Comparative shaking table studies at the National University of Athens and at Bristol University［C］//10th European Conference on Earthquake Engineering, Proceedings, Vienna, 1994：2993-2997.

［98］Crewe, AJ, Severn, RT. The European collaborative programme on evaluating the performance of shaking tables［J］. Phil Trans Roy Soc. London, 2001, 359（1786）：1671-1696.

［99］张钊. 建筑结构振动系统的多重叠分散控制方法［D］. 沈阳：辽宁科技大学，2011.

［100］Stoten DP, Benchoubane H. Robustness of a minimal controller synthesis algorithm［J］. International Journal of Control, 1990, 51（4）：851－861.

［101］Stoten DP, Gomez EG. Recent application results of adaptive control on multi-axis shaking tables［C］//Seismic Design Practice into the Next Century-Research and Application, 1998：381-387.

［102］Stoten DP, Gomez EG. MCS adaptive control of shaking tables using retrofit strategies［C］//Proceedings of the Second IASTED International Conference-Control and Applications, 1999：402-407.

［103］Stoten DP, Gomez EG. Adaptive control of shaking tables using the minimal control synthesis algorithm［J］. Phil. Tran. Roy. Soc. London, 2005, 34（9）：1171-1192.

［104］ Stoten DP，Shimizu N. The feed forward minimal control synthesis algorithm and its application to the control of shaking-tables ［J］. Journal of Systems and Control Engineering，2007，221 (13)：423-444.

［105］ Dozono Y，Horiuchi T，Katsumata H. Improvement of shaking-table control by real-time compensation of the reaction force caused by a non-linear specimen ［J］. ASME Pressure Vessels Piping Div Publ PVP，2001，428 (1)：247-255.

［106］ Shen Yili，Yang Yun，Li Tianshi. The design of dynamic simulation system on earthquake surroundings ［J］. ACADJ XJTU，2003，15 (1)：102-106.

［107］ Lee DJ，Lim CW，Park Y，et al. The tracking control of uni-axial servo-hydraulic shaking table system using time delay control ［C］//2006 SICE - ICASE International Joint Conference，2006：3767-3770.

［108］ LQR 最优控制原理介绍 ［EB/OL］. 2013. http：//blog. sina. com. cn.

［109］ 线性二次型调节器 ［EB/OL］. 2012. http：//blog. sina. com. cn.

［110］ 陈清. 基于 RBF-ARX 模型的 LQR 控制器在四旋翼飞行器系统中的应用 ［D］. 长沙：中南大学，2011.

［111］ 马娟丽. LQR 系统最优控制器设计的 MATLAB 实现及应用 ［J］. 石河子大学学报（自科版），2005，23 (4)：519-521.

［112］ 王佳伟，杨亚非，钱玉恒. 基于 LQR 方法的扭转装置控制器设计 ［J］. 实验室研究与探索，2014，33 (11)：50-54.

［113］ 李志超. 两轮自平衡机器人 LQR-模糊控制算法研究 ［D］. 哈尔滨：哈尔滨理工大学，2014.

［114］ Uchiyama M. Formulation of high-speed motion pattern of a mechanical arm by trial ［J］. Transactions of the Society of Instrumentation and Control Engineers，1978，14 (6)：706-712.

［115］ Arimoto S，Kawamura S，Miyazaki F. Bettering operation of robots by learning ［J］. Journal of Robotic Systems，1984，1 (2)：123-140.

［116］ Arimoto S，Kawamura S，Miyazaki F，et a1. Learning control theory for dynamical systems ［J］. Proceedings of the 24th IEEE Conference on Decision and Control，Ft. Lauderdale，FL，1985，3：1375-1380.

［117］ 董如意. 基于三自由度直升机系统的控制算法研究 ［D］. 太原：中北大学，2010.

［118］ 张婷. 基于 IPMC 蠕变模型的四指手抓系统的设计和研究 ［D］. 沈阳：东北大学，2010.

［119］ 王瑜. 两轮自平衡机器人的控制技术研究 ［D］. 哈尔滨：哈尔滨工程大学，2009.

［120］ 宋铁成. 一类二连杆欠驱动机械臂运动控制方法研究 ［D］. 沈阳：东北大学，2011.

［121］ 无人机飞行控制系统纵向控制律设计及仿真 ［EB/OL］. 2012. http：//www. docin. com

［122］ 罗瑜. 带补偿器的滑模控制算法在智能结构中的应用研究 ［D］. 西安：西安建筑科技大学，2014.

［123］ 杨明，高扬，于泳，徐殿国. 基于迭代学习控制的交流伺服系统 PI 参数自整定 ［J］. 电机与控制学报，2005，9 (6)：588-591.

［124］ Ibrahim Z，Levi E. A comparative analysis of fuzzy logic and PI speed control in high-performance AC drives using experimental approach ［J］. IEEE，Trans. IAS，2002，38 (5)：1210-1217.

［125］ Conte JP，Trombetti TL. Linear dynamic modeling of a uni-axial servo-hydraulic shaking table system ［J］. Earthquake Engineering & Structural Dynamics，2000，29 (9)：1375-1404.

［126］ Li Pingfan，LiuYi. Iterative learning control for linear motor motion system ［J］. International Conference on Automation and Logistics，2007，18 (21)：2379-2383.

［127］ 李敏霞. 电液伺服振动台的振动控制技术及应用 ［J］. 振动、测试与诊断，1997，17 (3)：

55-59.

[128] 李敏霞，杨泽群，陈建秋. 地震模拟振动台技术的开发与应用 [J]. 世界地震工程，1996，（2）：49-54.

[129] 夏玲琼. 基于神经网络的电液伺服地震模拟振动台的控制研究 [D]. 长沙：湖南大学，2009.

[130] 张鹏. 对置活塞二冲程柴油机起动过程及轨压最优控制研究 [D]. 北京：北京理工大学，2015.

[131] 金鑫，钟翔，何玉林等. 独立变桨控制对大功率风力发电机振动影响 [J]. 电力系统保护及控制，2013（8）：49-53.

[132] 李睿，李学森，刘璇等. 数字化模拟振动台液压系统模型的建立与分析 [J]. 机床与液压，2015，43（7）：13-179.

[133] 刘璇. 基于 Simulink 的数字化地震模拟振动台仿真方法研究 [D]. 西安：西安建筑科技大学，2013.

[134] MTS Systems Corporation. User manual of six degree of freedom seismic simulation system of MTS [M]. USA：MTS Systems Corporation，2010.

[135] 陈建秋. 六自由度模拟地震振动台台面控制原理研究 [J]. 广州大学学报（自然科学版），2006，5（3）：75-79.

[136] 陈建秋，任珉，杨泽群. 模拟地震振动台台面补偿技术分析 [J]. 广州大学学报（自然科学版），2005，4（1）：74-77.

[137] 方重. 大型模拟地震振动台的特殊控制 [J]. 世界地震工程，2000，16（4）：106-108.

[138] 邓习树. 步进扫描光刻机模拟隔振试验平台主动减振系统研究 [D]. 长沙：中南大学，2007.

[139] 韩俊伟，李玉亭，胡宝生. 大型三向六自由度地震模拟振动台 [J]. 地震学报，1998（3）：327-331.

[140] 田军. P-Q 伺服阀在减摇鳍电液负载仿真台中的应用 [J]. 机床与液压，2009，37（9）：112-115.

[141] 黄浩华. 地震模拟振动台的设计与应用技术 [M]. 北京：地震出版社，2008.

[142] 薛彪. 振动台调试及单目视觉下振动台试验测量方法研究 [D]. 兰州：兰州理工大学，2014.

[143] 牛伟光. 基于 VXI 总线二次雷达性能及模块故障诊断系统 [D]. 成都：电子科技大学，2010.

[144] 王燕华，程文漾，陈忠范等. 单向地震模拟振动台的设计 [J]. 东南大学学报（自然科学版），2009（S1）：231-237.

[145] GB/T5170.21-2008. 电工电子产品环境试验设备基本参数检验方法—振动（随机）试验用液压振动台 [S]. 北京：中国国家标准化管理委员会，2009.

[146] GB/T5170.15-2005. 电工电子产品环境试验设备基本参数检定方法—振动（正弦）试验用液压振动台 [S]. 北京：中国国家标准化管理委员会，2005.

[147] GB/T21116-2007. 液压振动台 [S]. 北京：中国国家标准化管理委员会，2007.

[148] Newell DP，Sain MK，Dai HL，et al. Nonlinear modeling and control of a hydraulic seismic simulator [C] //Proceedings of the 1995 American Control Conference，1995，1：801-805.

[149] Shortreed JS，Seible F，Benzoni G. Simulation issues with a real-time，full-scale seismic testing system [J]. Journal of Earthquake Engineering，2002，6（Sp. Iss. S1）：185-201.

[150] Chase JG，Hudson NH，Lin J，et al. Nonlinear shake table identification and control for near-field earthquake testing [J]. Journal of Earthquake Engineering，2005，9（4）：461-482.

[151] Ozcelik O，Luco JE，Conte JP，et al. Experimental characterization，modeling and identification of the NEES-UCSD shake table mechanical system [J]. Earthquake Engineering & Structural Dynamics，2008，37（2）：243-264.

[152] Plummer AR. A detailed dynamic model of a six-axis shaking table [J]. Journal of Earthquake

Engineering，2008，12（4）：631-662.

[153] 严侠，朱长春，胡勇. 三轴六自由度液压振动台系统建模研究 [J]. 机床与液压，2006，（11）：98-100＋125.

[154] 王珏，牛宝良，胡邵全. 电液振动台系统建模及仿真模型应用 [J]. 系统仿真学报（suppl），2008，20：258-264.

[155] 汪强，王进廷，金峰，张楚汉. 基于虚拟振动台的实时耦联动力仿真试验 [J]. 地震工程与工程振动，2009，29（6）：25-32.

[156] SimMechanics 机构仿真. ppt [EB/OL]. 2015. http：//max. book118. com.

[157] 陈建明，梁德成. 基于 Simulink 的机构运动仿真 [J]. 组合机床与自动化加工技术，2005（8）：85-86

[158] 李学森. 数字化振动台仿真控制方法研究 [D]. 西安：西安建筑科技大学，2014.

[159] BLONDET M，ESPARZA C. Analysis of shaking table-structure interaction effects during seismic simulation tests [J]. Earthquake Engineering & Structural Dynamics，1988，16：473-490.

[160] SYMANS M，TWITCHELL B. System identification of a uniaxial seismic simulator [C] //Proc. 12th Engineering Mechanics Conference. Reston：American Society of Civil Engineers，1998：758-761.

[161] TROMBETTI T L. Analytical modeling of a shaking table system [D] //Houston：Department of Civil Engineering，Rice University，1997：29-129.

[162] CONTE J P，TROMBETTI T L. Linear dynamic modeling of a uni-axial servo-hydraulic shaking table system [J]. Earthquake Engineering & Structural Dynamics，2000，29（9）：1375-140.

[163] TROMBETTI T L，CONTE J P. Shaking table dynamics：results from a test-analysis comparison study [J]. Journal of Earthquake Engineering，2002，6（4）：513-551.

[164] 李振宝，唐贞云，周大兴等. 试件特性对地震模拟振动台控制性能影响 I-对系统稳定性的影响 [J]. 北京工业大学学报，2010，36（8）：1091-1098.

[165] 唐贞云，李振宝，周大兴等. 试件特性对地震模拟振动台控制性能影响研究 II-对地震记录再现精度的影响及实时补偿 [J]. 北京工业大学学报，2010，36（9）：1199-1205.

[166] 杨佳玲. 新型滑移隔震支座性能试验研究及隔震结构地震反应分析 [D]. 西安：西安建筑科技大学，2012.

[167] 中华人民共和国国家标准. 建筑抗震设计规范 GB 50011—2010 [S]. 北京：中国建筑工业出版社，2010.

[168] 李杰. 生命线工程抗震-基础理论与应用 [M]. 北京：科学出版社，2005.

[169] 谢强，李杰. 电力系统自然灾害的现状与对策 [J]. 自然灾害学报，2006，15（4）：126-131.

[170] 谢强. 电力系统的地震灾害研究现状与应急响应 [J]. 电力建设，2008，29（8）：1-6.

[171] 李亚琦，李小军，刘锡荟. 电力系统抗震研究概况 [J]. 世界地震工程，2002，18（4）：79-84.

[172] 国内外自然灾害造成的电力系统事故 [J]. 中国电力教育，2008（3）：10-12.

[173] 中国电力科学研究院. 四川汶川大地震电力设施受灾情况初步调研报告 [R]. 北京：中国电力科学研究院，2008.

[174] 于永清，李光范，李鹏等. 四川电网汶川地震电力设施受灾调研分析 [J]. 电网技术，2008，32（11）：1-7.

[175] 四川甘肃陕西电力设施遭到较严重破坏 [EB/OL]. 2012. http：//www. dahe. com.

[176] 地震使四川甘肃陕西地区电力设施遭到比较严重的破坏 [EB/OL]. 2008. http：//www. gov. cn.

[177] 张美晶. 电力设施震害及其危害性快速评估方法研究 [D]. 哈尔滨，中国地震局工程力学研究

所学，2009.

[178] 丰飞. 电力供应系统地震安全分析与控制 [D]. 大连，大连理工大学，2006.

[179] 杨应华，熊军，王胜利. 汉中地区变电设施在汶川大地震中的表现及其分析 [J]. 震灾防御技术，2012，05（2）：167-175.

[180] 中华人民共和国国家标准. 电力设施抗震设计规范 GB 50260—2013 [S]. 北京：中国计划出版社，2013.

[181] 中华人民共和国国家标准. 高压开关设备和控制设备的抗震要求 GB/T 13540—2009 [S]. 北京：中国标准出版社，2010.

[182] IEEE Standard 693 Recommended practice for seismic design of substations [S]. Institute of Electrical and Electronic Engineers，USA，2005.

[183] 杨庆山，田玉基. 地震地面运动及其人工合成 [M]. 北京：科学出版社，2014.

[184] 田利. 输电塔-线体系多维多点地震输入的试验研究与响应分析 [D]. 大连，大连理工大学，2011.

[185] 于聪杰. 地震动的位移峰值对框架结构位移的影响 [D]. 乌鲁木齐，新疆大学，2014.

[186] 曹国旭. 绝缘子支柱的恢复力特性试验研究及分析 [D]. 西安，西安建筑科技大学，2008.

[187] 郭振岩. 变压器抗地震性能的研究 [D]. 沈阳：沈阳工业大学，2004.

[188] Z. Cagnan，R. Davidson. Post-Earthquake Lifeline Service Restoration Modeling [J]. Earthquake Engineering and Structural Dynamics，2003.

[189] Amir S. J. Gilani，Andrew S. Whittaker，Gregory L. Fenves，etal. Seismic Evaluation and Analysis of 230-kV Disconnect Switches [R]. PEER Report，2000.

[190] 尤红兵，张郁山，赵凤新. 电气设备振动台试验输入的合理确定 [J]. 电网技术，2012，36（5）：118-124.

[191] 中华人民共和国国家标准. 电工电子产品环境试验 第3部分：试验导则 地震试验方法 GB/T 2424.25—2000 [S]. 北京：中国标准出版社，2000.

[192] 王社良，张明明，李彬彬. 420kV 避雷器振动台抗震试验 [J]. 噪声与振动控制，2015，35（4）：198-201.

[193] 杨涛，王社良，刘伟等. GIS 高压电气设备抗震性能试验研究 [J]. 世界地震工程，2016，32（1）：146-155.

[194] 刘敏. GIS 高压电器设备抗震性能试验研究 [D]. 西安，西安建筑科技大学，2013.

[195] 曹文华. 基于 ANSYS 的 GIS 结构抗震性能研究 [D]. 西安，西安建筑科技大学，2013.